鶴原吉郎
Yoshiro Tsuruhara

EVと自動運転

クルマをどう変えるか

岩波新書
1717

プロローグ

２０１８年1月8日、米国ラスベガスきっての高級リゾートホテル「マンダレイ・ベイリゾート&カジノ」のカンファレンスルームで、トヨタ自動車の豊田章男社長は熱弁を振るっていた。マンダレイ・ベイは、そのつい3カ月前の２０１７年10月に、58人が死亡、５４６人が負傷する大惨事となったラスベガス銃乱射事件で、犯人が狙撃の場所に選んだホテルだが、カンファレンスルームの中は多くの記者の熱気に包まれ、凄惨な事件の痕跡を微塵も感じさせない。

豊田社長が立つ舞台は、世界最大級の家電見本市「ＣＥＳ２０１８」のプレスカンファレンスである。ＣＥＳはもともとConsumer Electronics Showという名称だったが、２０１５年からＣＥＳが正式名称となった。その背景には、家電だけでなく最新のハイテク機器の展示が増え、特にここ2～3年は知能化・電動化が進む自動車関連の出展が急激に増加していることがある。もはや家電見本市という名称では実態を表せないほど、その展示内容は多様化し、裾野

トヨタ自動車が「CES 2018」で発表したモビリティ・サービス専用 EV(電気自動車)のコンセプト車「e-Palette Concept」. 車両に最も近い位置に立つのがトヨタ自動車の豊田章男社長(筆者撮影)

が広がっている。

このプレスカンファレンスで、豊田社長は画期的な発表をした。それがモビリティ・サービス専用EV(電気自動車)のコンセプト車「e-Palette Concept」である。なぜこのコンセプト車が画期的なのか。それは、これまで消費者が自分で所有する「自家用車」にこだわってきたトヨタが「モビリティ・サービス」の会社へ脱皮する転換点となるクルマが、この e-Palette だからだ。

これまで豊田社長は「愛を付けて呼ばれる工業製品はクルマだけ」だとして、「愛車」という呼び方に代表されるような「所有することに喜びを感じられるクルマ」にこだわってきた。ところが今回のCESにおけるスピーチではその姿勢が一変し、トヨタの目指す方向が「モビリティ・サービス・カンパニー」であることを繰り返し強調した。「モノ」としてのクルマを売る会社から、「サービス」としてのクルマを提供する会社へ変わる――豊田社長の発言には、そういう強い思いが込められていた。これまで、トヨタのかたくなにも見える「愛車」へのこだわりを目の当たりにしてきた筆者は、その豹変ぶりに驚かされた。

トヨタだけではない。米フォード・モーターは、米ドミノ・ピザと提携して現在実証実験をしている自動運転車によるピザの宅配車両を持ち込んだ。今回のCESで発表したわけではないが、ドイツ・ダイムラーはカーシェアリング事業「Car2Go」を自ら手がけている。ドイツ・フォルクスワーゲンも、運転手が不要のタクシー向けEVのコンセプト車「SEDRIC」をすでに発表済みだ。このように、世界の完成車メーカーはいま、こぞって「サービス化」に取り組み始めている。

現在、自動車産業は100年に一度の転換期にあると言われる。それはなぜなのだろうか。

変化のキーワードとなっているのが、「電動化」「自動化」「コネクテッド化」の三つである。電動化とは、EVに代表されるように、これからのクルマの駆動源がエンジンから、バッテリー（二次電池）で動くモーターへと置き換わっていく動きを指す。自動化は、クルマにセンサーやAI（人工知能）を搭載することで、人間のドライバーを必要としない自動運転車へと進化していく動きを指す。そしてコネクテッド化は、クルマをインターネットに常時接続することによって、これまで実現できなかったような機能やサービスを利用できるようにする動きを指す。

しかし、これら「電動化」「自動化」「コネクテッド化」は、いわば手段に過ぎない。本当の競争は、これらの手段を使って、ユーザーにどのような「価値」や「経験」を提供できるかにある。世界の完成車メーカーが「サービス」に力を入れるのは、これらの新しい手段を使うことによって、「モノ」よりも「サービス」のほうがユーザーにとって満足度の高い価値や経験を提供できるようになると見ているからだ。そして、そう考えているのは完成車メーカーだけではない。米グーグルや、米ウーバー・テクノロジーズ、そして中国のテンセントやアリババのような大手IT企業も、ここに巨大なビジネスチャンスがあるとみて、虎視眈々と参入の機会を窺っている。

では、「電動化」「自動化」「コネクテッド化」の先にあるクルマの「サービス化」は、クルマをどのように変えていくのだろうか。これらの動きはなぜ、どのような背景から起こってきたのだろうか。これらの手段を使って世界の巨大企業は何をしようとしているのか。そもそも電動化・自動化・コネクテッド化は「サービス化」とどのように関連しているのか。本書はこれらを解きほぐしながら、クルマの世界にいま何が起こっているのか、そしてクルマがこれからどのように変わろうとしているのかを解説することを狙いとしている。

この本ではまず第1章で、日本の自動車産業のいまの姿を概観し、どのような課題に直面しているのかを整理する。いわば、第2章以降を読み進めていただくための助走の段階に当たる。だから、自動車産業について予備知識のある方は飛ばしていただいてもいいだろう。ここでは、やや教科書的になるが、日本の産業に占める自動車産業の大きさを改めて認識していただくことになる。日本は貿易により経済が成り立っている国だが、その生命線である「外貨を稼ぐ手段」として自動車はいまや大黒柱だからだ。かつては自動車、電機製品、産業機械が日本の3本柱だったが、この20年で電機製品の外貨を稼ぐ力はすっかり衰え、自動車と産業機械の2本に柱が減ってしまった。しかし、ここまで説明してきた大きな変化は、日本の自動車産業の競争力を削ぐことになりかねない。その影響の大きさを実感していただきたい。

続く第2章では、「電動化」のトレンドについて解説する。なぜここに来て、急に電動化の代表的な動きであるEVが話題になっているのか。その背景にはフォルクスワーゲンの「ディーゼル不正事件」や、自動車産業で覇権を狙う中国の思惑などが絡む。日本はエンジンと電気モーターを組み合わせた「ハイブリッド車」の実用化で世界の先頭を走っており、電動化はむしろ追い風であるはずだが、実際には必ずしもそうなっていない。それは、エンジンからモーターへ、という変化は単にクルマの駆動源が変わるという以上の意味を持っているからだ。この章では、クルマの駆動源の未来について考える。

第3章では「自動化」と「コネクテッド化」の二つの動きをセットで考える。なぜなら、この二つのトレンドは切っても切れない関係にあるからだ。詳しくはこの章をお読みいただきたいのだが、例えば自動運転車が走行するために必要なデジタル化された高精度の地図の入手や、自動運転車を制御するソフトウエアのバージョンアップなどは、いずれも通信ネットワークを介して行われるようになると見込まれている。自動運転車が走行するためにはコネクテッド化が不可欠なのだ。ドライバーが不要な自動運転はどのようにして可能になるのか、どんな技術から成立しているのか、実用化には何が課題になっているのか。自動運転の最前線に迫る。

そして最後の第4章では、こうした「電動化」「自動化」「コネクテッド化」の先にある「サービス化」とはどのようなものかについて解説する。こうしたサービス化は、じつは自動車だけでなく、社会のすべての側面で進んでいる巨大なトレンドであり、クルマで起きていることはその一側面に過ぎない。そしてこのうねりは、これまでの自動車産業という枠を超えて、人の移動の概念を変え、都市の設計を変え、ひいては私たちの生活を大きく変えていくほどのインパクトをもたらすだろう。

いま起きている巨大な変化を、読者の皆さんが理解し、これからの生活を想像したり、あるいは新しいビジネスを構想するために、本書がいくらかでもお役に立てたら、これほどうれしいことはない。

目次

第1章
クルマがこのままでは立ち行かない理由

初期のガソリン自動車「ベンツ・パテント・モトールヴァーゲン」(出典：Wikipedia)

クルマは我々の生活を、そして我々の社会を維持していくうえで、なくてはならないものである。そのことに異論はないだろう。クルマがなければ、電車もバスも通わない地域での生活は成り立たない。日ごろ利用するコンビニエンスストアに商品は揃わないし、宅配便の荷物も届かない。救急車もなければ、パトカーもない。家族での旅行も公共交通機関で出かけるしかない。クルマのない社会は、いまよりもずっと不便で、不自由で、味気ないものになるだろう。

しかし、ちょっと想像してみてほしい。もしクルマのない社会があり、そこではそれなりの秩序が保たれ、人々の生活が成り立っていたとする。そこに突然、クルマという商品が登場したら、果たして社会は許容するだろうか。

興味深い歴史的事実がある。自動車が発明されたばかりの１８６５年。まだ交通の主流は馬車の時代で、自動車という新たに誕生した交通手段に対して、人々は懐疑の目を向けていた。歩行者に危険を知らせるため、人間が赤い旗かランタンを自動車の前で振りながら先導し、歩行者に警告しなければならないという法律(通称「赤旗法」)が作られたほどだ。当時、市街地における自動車の制限速度はわずか時速３㎞で、馬を驚かす煙や蒸気を車両が出すことを禁ずるなどの条項もあった。その後この法律は、１８９８年に廃止されるまで、実に30年以上にわたって効力を保っていた。

当時の人たちでさえ、自動車という新たに登場した交通手段の危険性を警戒していた。もし現代社会に自動車が登場したら、歩行者と衝突すると怪我をしたり、最悪の場合には死亡するおそれがあるとして、道路の通行が許可されない可能性が高い。しかもこの自動車という代物は、有害物質を含む排ガスを放出する。携帯電話が発する微量な電磁波や、遺伝子組み換え食品の人体への影響といった、定量的な評価が難しいリスクに対してさえ敏感な現代社会に、もしクルマのような明確なリスクを伴う商品が登場したら、反対運動が生じるのは必定だろう。こんな想像を巡らすまでもなく、クルマという商品は大きな欠点を抱えた商品なのである。

事故原因の９割は人間のミス

実際、世界ではいまも交通事故で多くの人が亡くなっている。やや古いデータになるが、ＷＨＯ（世界保健機関）の調査によれば、２０１３年に世界全体では実に１２５万人もの人が交通事故で亡くなったという。日本国内では、１９７０年の１万６７６５人をピークに交通事故死者数は減り続けており、２０１７年には統計の残る１９４８年以降で最少の３６９４人になった。しかし、かなりの人が交通事故で亡くなっている事実に変わりはないし、世界的にみれば、

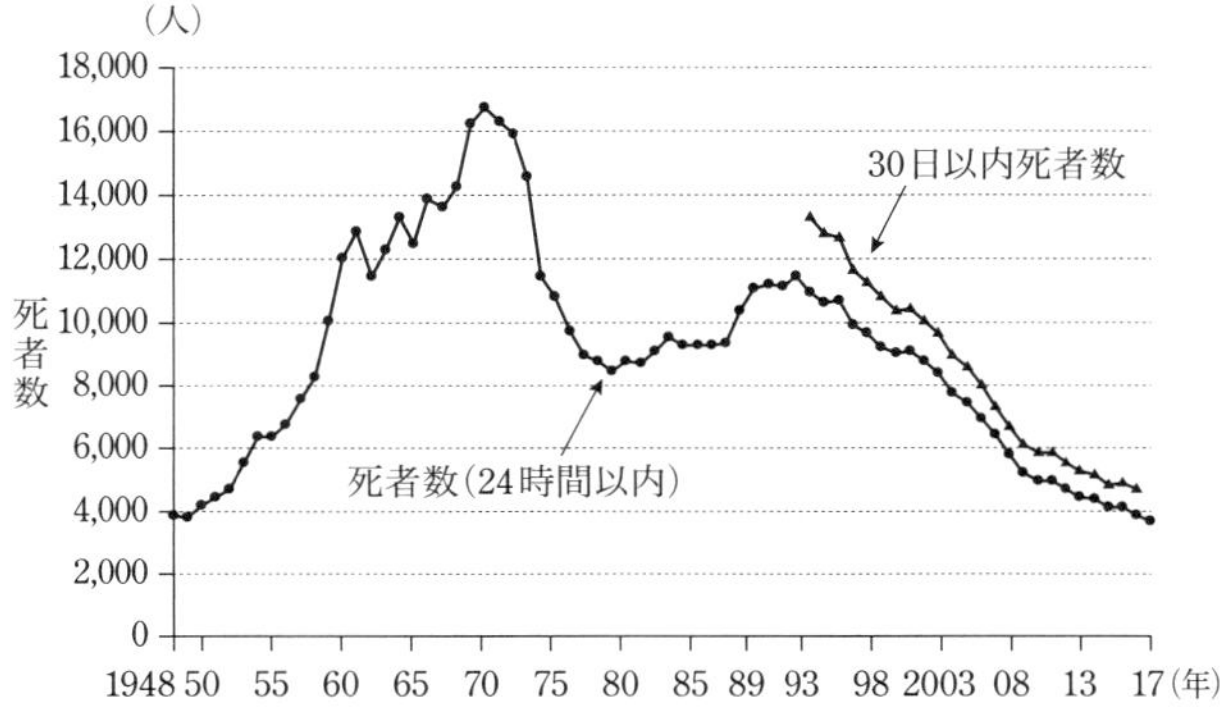

国内の交通事故死者数の推移(1948〜2017年). 1970年の1万6765人をピークに交通事故死者数は減り続けており, 2017年には統計の残る1948年以降で最少の3694人になった(出典:警察庁広報資料)

まだまだ多くの人が交通事故で亡くなっていることを考えても、依然としてクルマの安全性向上は大きな課題であることが分かる。

国内ならではの事情もある。それは、交通事故死者に占める高齢者の比率が年々上がっていることだ。2012年以降は交通事故死者に占める高齢者(65歳以上)の比率が50%を超え、その後も上昇を続けている。また交通事故の発生件数全体に占める高齢者が関与した事故の比率も、2014年に初めて20%を超え、やはりその比率は上昇している。

これまで交通事故の死者数が減ってきたのは、飲酒や速度超過といった違反に対する罰則が強化されてきたこと、信号や標識・カーブミラーの整備など、道路設備の改善が進んでいること

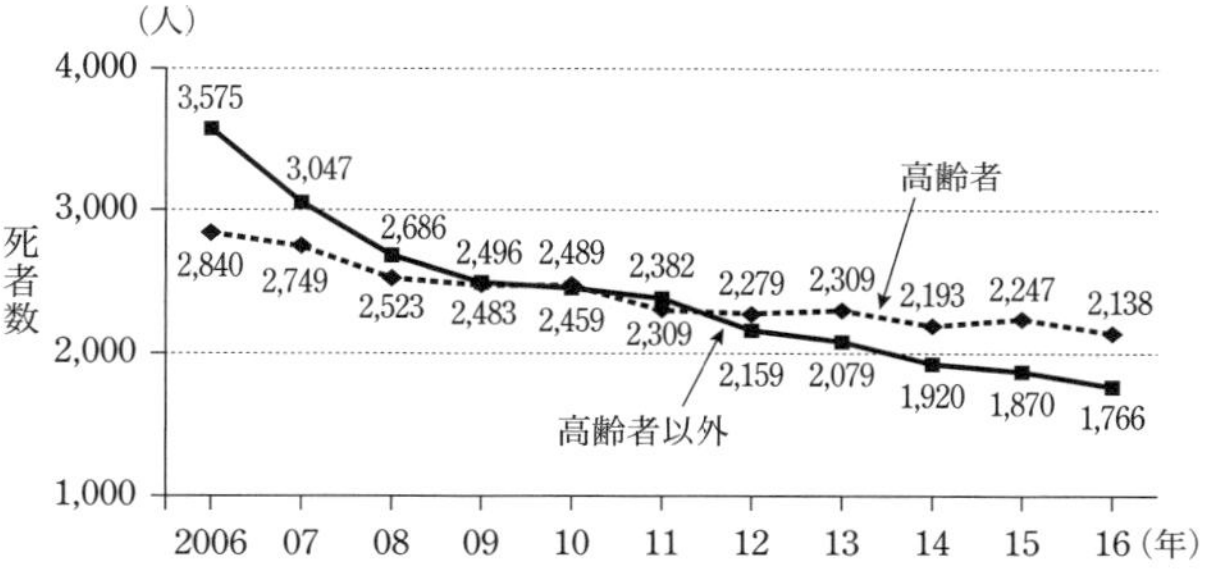

2012年以降は交通事故死者の半分以上を高齢者(65歳以上)が占めるようになっている(出典：交通安全白書2017)

など行政側の努力に加え、衝突したときに乗員を保護する車体構造の採用、シートベルトやエアバッグなど安全装備の充実といった完成車メーカーの努力によるところが大きい。しかしここ数年は、交通事故の死者数の減少幅は停滞しており、頭打ち感が出てきている。これまでのような対策では、もはや交通事故を減らすのには十分でなくなりつつあるということだ。

一般に、交通事故の原因の9割以上は人間の「認知ミス」(危険を見逃すミス)、「判断ミス」(危険は認識したが、どう対応するかという判断を間違えるミス)、「操作ミス」(判断は間違っていなかったが、ブレーキとアクセルの踏み間違いなど操作を誤るミス)という三つのミスが占めると言われており、これらをいかに減らすかにメスを入れていかなければ、死亡者を大幅に減らすことは不可能だ。特に、認知、判断、操作のいずれの能力も低下する高齢者の事故の比率が上昇している現状を考えると、人間のミスを防ぐ対策が、急務となっていることが分かる。

クルマからのCO_2を9割減らす

クルマが抱えるもう一つの負の側面が環境問題だ。現代のクルマは排ガス対策が進み、国内においては大気汚染の問題はかなり緩和されてきている。しかし、広く世界を見渡すと、インドや中国などでは依然として排ガス対策の不十分な古い年式のクルマが走り、都市の大気汚染は大きな社会課題となっている。排ガスのクリーン化は、現代のクルマが満たすべき最低限の条件である。

しかも、排ガスをクリーン化しただけでは、現代のクルマとしては不十分だ。２０１５年12月、フランス・パリ郊外で開催された国連気候変動枠組条約第21回締約国会議(ＣＯＰ21)で、２０２０年以降の地球温暖化対策の新しい枠組み「パリ協定」が採択された。１９９７年に採択された京都議定書以来、18年ぶりとなる気候変動に関する国際的枠組みであり、気候変動枠組条約に加盟する１９６カ国・地域のすべてが参加する枠組みは世界で初めてだ(残念ながらその後、米国が離脱を表明したのは周知の通りだ)。

この協定は、世界の温度上昇を産業革命前から2度未満に抑えることを目標としており、

1・5度未満を目指すことの重要性も明記した。そのためには、21世紀末までに人間の活動によるCO_2排出量を海洋や森林が吸収可能な量以下に抑え、排出量を実質ゼロとする長期目標を盛り込んだ。

しかし、この目標を達成するのは並大抵のことではない。今世紀末までにCO_2の排出量をゼロにしようと思えば、その中間段階として、2050年までにCO_2の排出量を半減する必要がある。しかし、このために2050年の時点で新車からのCO_2排出量を半分にしてもこの目標は達成できない。というのも、その時点で所有されている膨大な数のクルマがあり、そこから排出されるCO_2の量も含めてクルマから排出されるCO_2の量を半分にする必要があるからだ。

一般に、1台のクルマが生産されてから廃棄されるまでの期間は国によって異なるが、概ね13〜17年である。このことを考慮すると、2050年の時点でクルマから排出されるCO_2を半分にしようと思えば、2050年に販売される新車から排出されるCO_2の量は半減どころでは済まないことが分かる。実際トヨタ自動車は、2050年に世界で販売するクルマから排出されるCO_2の量を、2010年に比べて90％減らすという長期目標を立てている。そのための前段階として2040年までにガソリンエンジン、またはディーゼルエンジンのみで走る

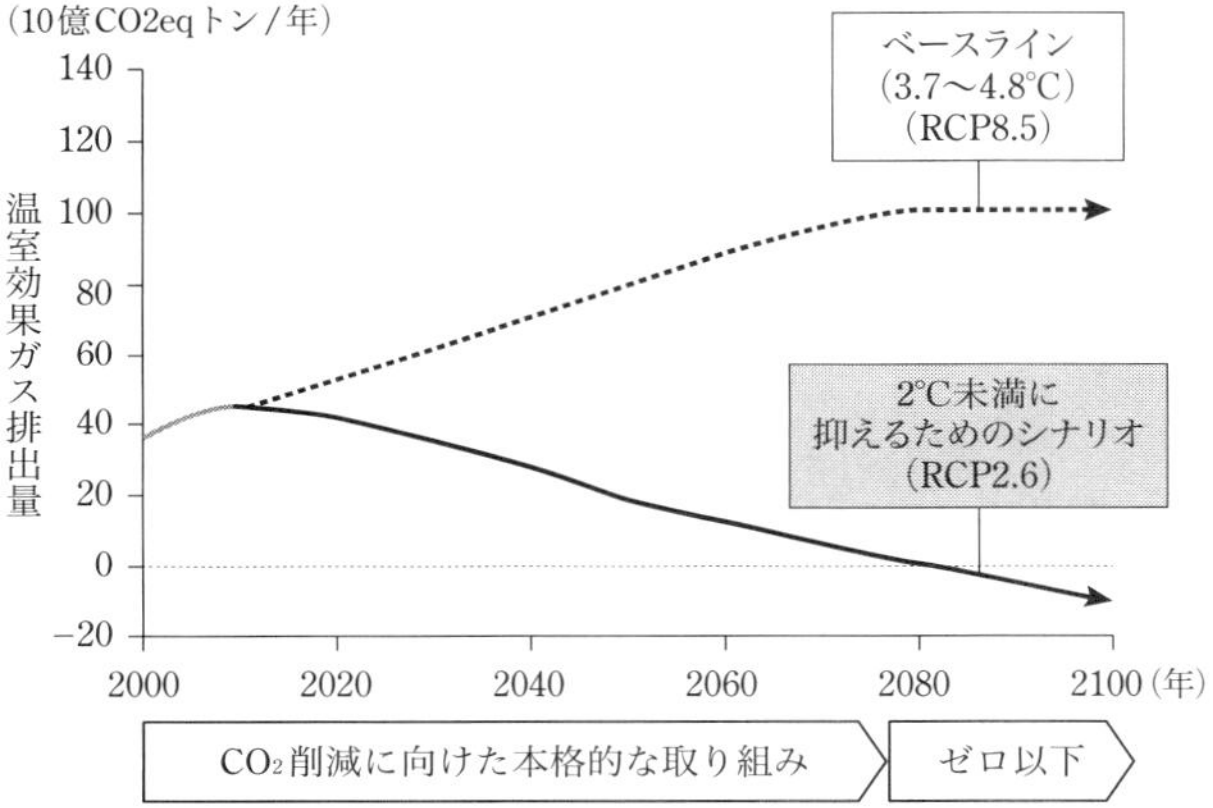

世界の温度上昇を産業革命前から2度未満に抑えるためには，21世紀末までにCO_2排出量を実質ゼロにする必要がある(出典：トヨタ自動車)

クルマをなくし、すべてのクルマをEV(電気自動車)やFCV(燃料電池車)、あるいはエンジンにモーターや電池を組み合わせたHEV(ハイブリッド車)にすると表明している。

米国の小売業はなぜ苦境に陥ったか

このように「安全」「環境」というクルマの負の要素を解消するという社会的なニーズが強まっているのは確かだが、クルマに求められている条件はそれだけではない。こうした「安全」「環境」の問題に対応することはクルマが社会的に存在していくための「必要条件」ではあるが、商品としてのクルマの魅力は、これらの条件を満たすだけでは十分ではないからだ。

実際、いま世の中で起こっている動きを考えると、現在の自動車という商品が備えている機能や価値は、決して十分ではない。それどころか、消費者のニーズを満たすのにまったく不十分な機能や価値しか備えていないといえるだろう。そのことを理解するうえで参考になるのが、小売業界での動きである。この業界の動きを見ると、製品やサービスに求める消費者の水準が、かつてなく高くなっていることが分かる。

２０１７年9月19日、日本経済新聞は米国の大手玩具チェーンのトイザラスが日本の民事再生法に相当する連邦破産法11条の適用を申請したことを報じた。これに先立つ6月14日、同紙は米国全土でショッピングモールの苦境が広がっていることを報じている。例えば米ニュージャージー州郊外にあるバーリントン・センター・モールでは大手百貨店のメイシーズとＪＣペニーが撤退、飲食店もすべて閉店し、１００あった店舗で現在営業している店は1割程度になったという。同記事では全米でおよそ１１００ある主要モールの先行きについて、スイスの金融大手であるクレディ・スイスの「今後5年で米国では最大4分の1のモールが消える」とのコメントを紹介し、商業施設の苦境がまだまだ続くことを指摘した。

こうした小売業の苦境の背景には、米アマゾン・ドット・コムなどネット販売の台頭で商業施設の客数が減少し、売上が低迷していることがある。国土が広く、クルマに乗らないと買い物にも行けない地域が多い米国では、古くから「メール・オーダー」と呼ばれる通信販売が広く普及しており、各家庭にはメール・オーダーのカタログが多く常備され、消費者はそのカタログに掲載された商品を電話や郵便で日常的に購入している。

通信販売は、店まで出向かずに自宅にいながらにして買い物ができるという高い利便性がある。その一方で、「品物を直接確認できない」「すぐに品物を手にすることができない」「カタログに載っている商品しか購入できず選択肢が限られている」「送料がかかるので割高になる」……などといった難点もある。このため消費者は、品物を直接確認する必要がない繰り返し購入する商品や、そのカタログでしか手に入らない商品、あるいは送料がかかっても割安な商品などを通信販売で購入するなど、店頭での購入と通信販売での購入を使い分けていた。小売業と通信販売業はそれぞれの得意分野で棲み分けをしてきたわけだ。

崩れた共存の垣根

ところが、前述したような米国小売業の苦境は、これまで厳然として存在した小売業と通販業の垣根が崩れつつあることを意味する。それは、アマゾンを筆頭とするネット販売業者が、ＩＴ（情報技術）やＡＩ（人工知能）を活用して、従来の通信販売の欠点を解消したサービスを次々に投入しているからだ。

アマゾンのショッピングサイトでは「品物を直接確認できない」という欠点に対して、実際に購入したユーザーのレビューを多く掲載することで、商品に対する客観的な評価を知ることができるようにしている。「すぐに商品を手にすることができない」という課題に対しては「アマゾンプライム」という会員制のサービスを導入することで、多くの商品が翌日に、場合によってはその日のうちに配達されるサービスを実現している。

また、「購入できる商品の選択肢が限られる」という問題に関しても、購入できる商品の幅を大きく広げることで対処している。当初アマゾンが「ネットの書店」でスタートしたことはよく知られているが、現在では書籍に加えて衣料品、家電・カメラ・AV製品、パソコン・オフィス用品、医薬・化粧品、家庭用品・家具、スポーツ・レジャー用品、食品・飲料・酒類まで扱うようになっている。

さらに地域限定ではあるが「アマゾン・フレッシュ」と呼ぶ生鮮食料品の宅配サービスまで手がけるようになっており、購入できない商品はほぼないといってもいい状況だ。取り扱っている店舗が少ないような、専門的な商品や、購入頻度の低い商品もアマゾンのサイトでは見つかることが多く、品揃えはむしろ実店舗よりも充実しているといって差し支えないだろう。

しかも「送料がかかって割高」という難点もかなりの程度解消している。まずアマゾンでの販売価格そのものが実店舗に比べるとかなり割安に設定されていることが多い。アマゾンより割安なのは実店舗ではなく、「価格.com」に並んでいるような別の通販サイトであることが多い。さらに、先に挙げた「アマゾンプライム」の会員は、多くの商品を送料無料で購入することができる。

つまりアマゾンは「通販で買わない理由」をことごとく潰すことによって、従来なら小売店で購入していた商品や消費者までも取り込むことで成長している。その一方で、アマゾンを上回る購入体験を提供できない小売業態は廃業を迫られているという構図だ。

実用的価値と情緒的価値

ここまでアマゾンのサービスについて紹介してきたのは、消費者が製品やサービスに求める水準がいかに高まっているかを示すためだ。現代の消費者が求める価値を整理すると次ページの表のようになる。

現代の消費者が求める価値は大きく二分される。「実用的価値」と「情緒的価値」の二つだ。このうち通常の商品やサービスが目指すのは実用的価値の向上、すなわち「どれだけ役に立つ

消費者にとっての価値が二極化

実用的価値	情緒的価値
いつでも	いまだけ
どこでも	ここだけ
誰でも	自分だけ
すぐに	待たされる
簡単に	難しい
もっと安く	もっと高く
もっと安全に	危険を伴うことも
より多くの選択肢	お薦め，限定
数値に表せる価値(性能，品質など)	数値に表せない価値(感性，感動など)
商品，WEB サービスなど	高級レストラン，ライブなど

人間の欲望には「実用的価値」と「情緒的価値」があり，両者は正反対の方向を向いている(筆者作成)

か」という価値である。クルマの実用的価値を考えてみると、A地点からB地点まで速く、安く、快適に、安全に、しかも簡単に移動できることがそれに当たる。つまり実用的な価値を整理すると「すぐに」「いつでも」「どこでも」「誰でも」「簡単に」「安く」「様々な選択肢の中から」「より高性能・より多機能」「より安全に」などのニーズをより高い水準で満たすことが、より高い実用的価値を実現することにつながる。

この実用的価値の観点からアマゾンのサービスを見てみると、スマートフォンやパソコン、タブレット端末があれば、自宅に居ながらにして、店舗に足を運ぶことなく、しかも店舗の開いている時間帯を気にすることもなく、誰でも買い物ができる。「すぐに」「いつでも」「どこでも」「誰でも」「簡単に」という実用的価値を満たしているわけだ。しかも前述したように、「様々な選択肢の中から」という観点でも、商品の品揃えは実店舗をしのぐ規模に拡大しており、実店舗を上回る価値を提供していることが分かる。アマゾンの経営は革新的だと言われるが、提供している価値は、これまでに存在しなかった価値を提供しているわけではなく、実用的価値の向上に愚直に取り組んでいるものであることが分かる。いわば、基本を徹底的に追求しているところにアマゾンの強みがあるといえるだろう。

こうしたアマゾンの提供する価値と対極にあるのが情緒的価値である。情緒的価値は「いかに心が満たされるか」という価値である。例えば、代表的な情緒的価値を満たす商品として機械式腕時計がある。機械式腕時計は、時間を知るという実用的な観点からいえば、精度の点でも、あるいは定期的にゼンマイを巻かなくてはならないという手間の点でも、クオーツ式腕時計にははるかに劣る。そもそも腕時計がなくても、現代ではスマートフォンさえ持っていれば時間を知りたいという実用的な目的には足りる。

それでも機械式腕時計の愛好家は、精緻な機構、美しいデザインだけでなく、扱いに手間がかかり、常に時刻を修正しなければならないといった欠点も含めてその存在を愛している。そして、数百万円から、場合によっては数千万円という金額を、高級な機械式腕時計を手に入れるために投じるのである。

実用的価値からいえば、商品やサービスは「いつでも」「どこでも」「すぐに」といった条件が満たされたほうがいいわけだが、情緒的価値からいえば「いつでも」「どこでも」「すぐに」手に入る商品は価値が低い。「今だけ」「ここだけ」で手に入る商品のほうが、手に入れたときの満足度は大きく、そのためには「待たされる」こともいとわない。

情緒的価値は、別に商品とは限らない。登山で得られる満足も情緒的価値の一つだが、「誰でも」「簡単に」登れるような山の頂上に立ったとしても満足度は低いだろう。「限られた人だけが」可能な、「難しい」登山のほうが、やり遂げた時の満足度は高いはずだ。そのためには、「より安全に」という価値さえも犠牲にするかもしれない。

「情緒的価値」の市場が急拡大

このように、実用的価値と情緒的価値は正反対のベクトルを向いているのだが、こうした価値の二極化が最近は特に大きくなっている。それが最も顕著に現れているのが音楽ビジネスの世界だ。「YouTube」に代表されるような動画投稿サイトや、「SoundCloud」のような音楽投稿サイトの利用の拡大によって、過去にはCDやDVDを購入しなければ楽しめなかった音楽や映像を無料で楽しむことができるようになっている。こうした傾向はCDやDVDといった音楽・映像ソフトの市場の顕著な縮小を招いている。

こうした動画投稿サイト、音楽投稿サイトはまさに、先ほどから説明している「いつでも」「どこでも」「誰でも」「すぐに」「簡単に」「多様な選択肢の中から」「安く」といった実用的価値を満たすサービスであることが分かる。CDやDVDを購入したり、借りたりして、それをプレーヤーにかけて……などといった手間をすべて省くことができ、スマートフォンやパソコン、タブレットがあればどこでも音楽を楽しめ、しかもたいていの場合、無料で音楽や動画を視聴できるという点で、多くの利用者に支持されるのも当然である。

そこで最近の音楽ビジネスでは、こうした動画投稿サイトや音楽投稿サイトにアーティストが積極的に動画や音楽を投稿して宣伝の手段として使い、ライブを収益の柱に位置づける動きが強まっている。同じ音楽ビジネスでも、ライブは情緒的価値の最たるものである。「いつでも」ではなく「その時だけ」、「どこでも」ではなく「その場所だけ」、「誰でも」ではなく「その場にいる人だけ」、「簡単に」ではなく「チケットの入手が難しい場合も」という具合に、動画投稿サイトや音楽投稿サイトで動画や音楽を楽しむのとは対極にある価値を提供する。

動画投稿サイトや音楽投稿サイトで動画や音楽を楽しむ傾向が高まるのと比例するように、国内のライブ・エンタテインメント市場は拡大している。ぴあ総研が、ライブ・エンタテインメント調査委員会からの委託を受けて実施したライブ・エンタテインメント市場規模の調査によると、国内のライブ・エンタテインメント市場（音楽コンサートのほか、ミュージカル、演劇、歌舞伎／能・狂言、お笑い／寄席・演芸、バレエ／ダンス、その他パフォーマンスを含む）は、2011年の3000億円規模から、2016年には5000億円規模へと5年で7割近い拡大を見せている。こうした傾向は、音楽やミュージカルなどのエンタテインメント市場がCDやDVDといった「モノ」の市場から、ライブやステージパフォーマンスといった「コト」、言い換えれば「経験（エクスペリエンス）」の市場へと移行していることを示す。

「価値」の移行に対応できていない自動車

ここまで、アマゾンのようなIT大手がAIやITを活用して「実用的価値」の飛躍的向上を図っていること、こうした動きに対応して、例えば音楽ビジネスの世界では、CDやDVDのような「実用的価値」を中心とする「モノ」から、「ライブ・エンタテインメント」のような「情緒的価値」を中心とする「エクスペリエンス」へと提供価値の重心を移し、CDやDV

D市場を侵食してきた動画投稿サイトや音楽投稿サイトを自社のビジネスを宣伝する媒体として活用するといった、大胆なビジネスの組み換えを行っていることを見てきた。

こうした観点から改めて自動車産業を眺めると、消費者の「実用的価値」に対する要求の高まりや、社会の変化に対応したビジネスモデル転換にまったく対応できていないことが分かる。確かに、かつてに比べてクルマの燃費は向上し、静かになり、乗り心地は良くなり、エアバッグなどの装備によって格段に安全になった。つまり「より高機能、より高付加価値」の部分は確実に進歩している。しかし、それ以外の部分では、いまのクルマは高度化する消費者のニーズにまったく応えられていない。

まず「いつでも」「どこでも」という点を考えてみると、自家用車の場合には、自分が自宅にいれば利用できるが、自宅にいなければ当然のことながら利用できない。また、自宅にいたとしても、家族がクルマを使っていたら、自分は使うことができない。つまり「いつでも」「どこでも」という条件は満たしていない。

では「誰でも」「簡単に」はどうか。当たり前のことだが、クルマを運転するには免許証が必要だから免許を持たない子供には運転できないし、この章の冒頭で指摘したように、認知能力や判断能力、さらには操作能力が低下した高齢者による事故の比率が上昇している。さらに、目の不自由な人など、身体に障がいを持つ人の中には運転が難しい人もいる。

年齢的、身体的な条件を満たしていても、それだけでは十分ではない。クルマの免許を持っている読者なら覚えがあるだろうが、免許を取り立てのころには、運転のスキルも判断能力も不十分だ。実際の路上で、経験を重ねることによって、やっと不安なく運転できるようになっていく。こう考えてくると、クルマは「誰でも」「簡単に」使えるものとはとてもいえない。

「安く」という条件も落第である。デフレ社会と言われる日本にあって、自動車の価格は終始一貫して上昇し続けている。一つの指標として、トヨタ自動車の代表的な小型車「カローラ」を取り上げてみると、30年前の１９８８年には売れ筋グレードの「１・５ＳＥ」（４速自動変速機、前輪駆動仕様）の価格が約１１９万円だったのに対し、現行モデルの「１・５Ｇ」（無段変速機、前輪駆動仕様）は約１８７万円と、30年間に約57％も値上がりしている。

もちろん、安全装備や快適装備などで差があるから完全に横並びの比較はできない。しかし同じ期間の消費者物価指数（２０１５年基準）は１９８７年の85・9から２０１７年の１００・４へと14・5ポイントしか上昇していない。特に１９９３年から２０１３年までの約20年間は、ほとんど横ばいで推移している。これに比べると、消費者の実感として、クルマが突出して高くなっている印象を与えるのは否めない。

クルマの世界でも変革が始まる

ここまで、現在のクルマは「安全」「環境」の二つの面で大きな課題を抱えていること、また消費者のニーズという観点から見ると、他の分野のサービスが急速に消費者の「実用的価値」を高めているのに対して、クルマがまったく対応できていないことを説明してきた。

クルマがもたらす交通事故や環境汚染は、クルマがもたらす大きな利便性に伴う、やむを得ない代償とこれまでは捉えられてきた。また「クルマとはこういうもの」という先入観から、クルマという商品が持つ様々な制約はそれほど認識されることはなかったし、価格が上昇し続けていることも、「性能が良くなっているから」「安全性や環境性能が向上しているから」しかたのないものと受け止められてきた。

しかし、こうした「クルマとはこういうものだ」という我々の先入観は、今後10〜20年の間に大きく覆されることになるだろう。それは、自動運転やEVや高速通信ネットワーク、そしてAIといった技術の急速な進化が、自動車の、そして自動車産業の姿を大きく変えていくことになるからだ。というよりも、AIやネットワーク、新しいエネルギー技術がこれから我々の社会や産業、生活のあり方を大きく変えていくのであり、クルマの変貌はその一部に過ぎない。

では、クルマはこれからどう変わっていくのか。それがまさに本書のテーマである。読者はこれからの10〜20年をかけて、クルマが「クルマではない何か」に変貌していくさまを目の当たりにすることになるだろう。それはあたかも、この章の冒頭で挙げた「馬車が自動車に変わった」のに匹敵する変化になるだろう。より分かりやすい例えでいえば「ガラケーがスマートフォンに変わった」のと同じくらいの変化を、自動車産業にもたらすことになるだろう。

その変化の内容については第4章で詳しく説明していくが、こうした変化に対して、日本人である私たちは無関心ではいられない。というのも私たちの住む日本の製造業は、ここ20年ほどで自動車産業への依存度を急速に高めているからである。もし自動車産業が傾けば、日本の貿易収支は大幅に悪化し、雇用にも大きな影響を与えることは必至だ。そこで、クルマや自動車産業が、これからどのように変化するかを解説する前に、日本の自動車産業の現状と、日本がいかに自動車産業に依存するようになったかについて触れておこう。

緩やかに減少する国内市場

自動車産業の基本的な規模を確認するために、まず国内の自動車市場から見ていこう。日本

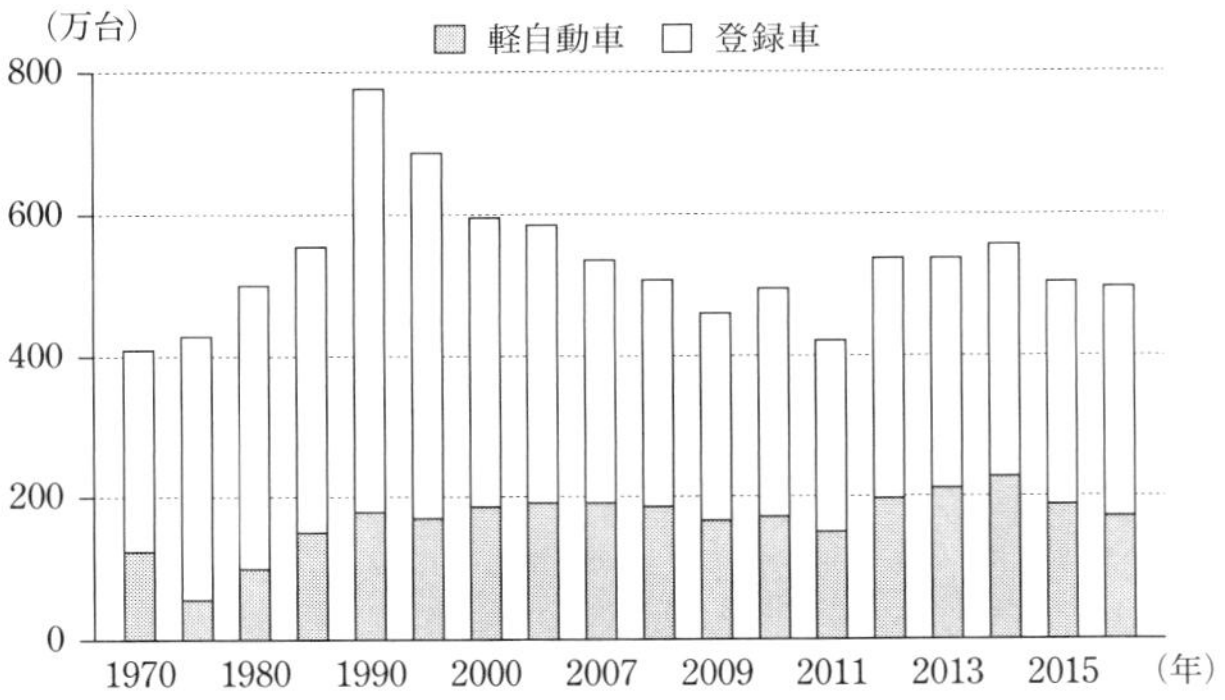

国内の新車販売台数の推移(日本自動車工業会のデータを基に筆者作成)

の新車需要のピークはバブル景気の頂点だった1990年で、年間約780万台だった。そこからバブル崩壊に伴う景気の悪化で、市場は減少の一途をたどる。1998年から2005年までは600万台弱で比較的安定していたものの、2006年以降は再び減少傾向となり、特にリーマン・ショックに見舞われた2009年には470万台前後まで急落する。その後は翌2010年はある程度持ち直したものの、2011年は東日本大震災で自動車産業のサプライチェーンは大きな影響を受け、国内の新車販売台数は約421万台にまで落ち込んだ。その後は再び500万台を超える水準に回復したが、2014年以降は再び減少傾向に転じ、現在に至るまで500万台前後の規模が続いている。今後も人口減少や少子高齢化により、減少傾向はゆるやかに続くと見られている。

また、国内自動車市場の顕著な特徴として「軽自動車の比率が高いこと」「ＨＥＶの比率が高いこと」の２点が挙げられる。軽自動車は日本独特の規格で、昭和24年7月に初めて制定された。当時は全長２・８ｍ以下、全幅が１・０ｍ以下、全高が２・０ｍ以下、エンジンの排気量は１００cc（2サイクルエンジン）〜１５０cc（4サイクルエンジン）という、いま考えるとおもちゃのような大きさのクルマだった。

その後何回か規格の改定があり、排ガス規制への対応や安全性の向上を目的に、１９９８年10月に現在の排気量６６０cc以下、長さ３・４ｍ以下、幅１・４８ｍ以下、高さ２・０ｍ以下の３輪および４輪自動車という規格に改定された。以前に比べると車体が大きくなり、室内スペースが広がったほか、エンジンの排気量が拡大されて走行性能も向上し、登録車（軽自動車以外の自動車をこう呼ぶ）にかなり近づいた。

このため税金や保険料が優遇されている軽自動車を選ぶ消費者が増加し、１９８０年に販売台数全体の２割程度だった軽自動車比率は、現在の規格になった２年後の２０００年には３割程度まで拡大し、２０１５年４月の軽自動車税の増税前の駆け込み需要もあって、２０１４年には４割を超えるまでになった。ただし、軽自動車税が増税になった２０１５年以降は、軽自動車比率は減少傾向にあり、２０１６年には35％程度になっている。いずれにせよ、先進国で

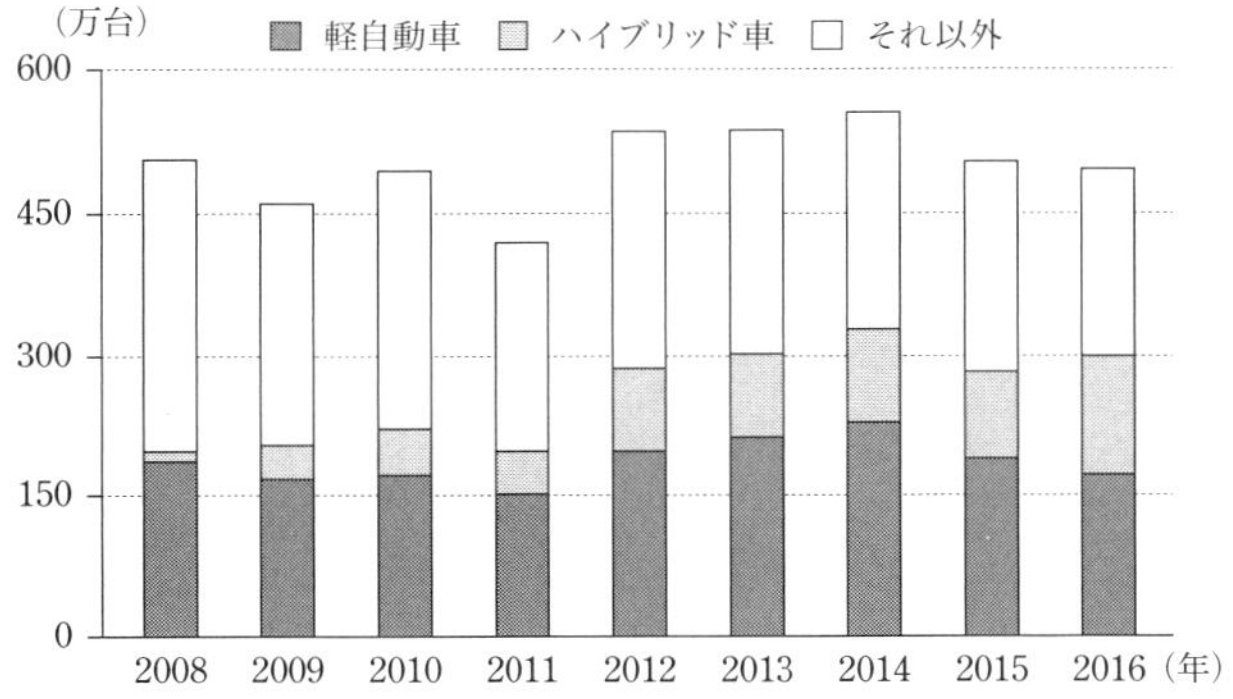

国内の新車販売台数に占める軽自動車とHEV(ハイブリッド車)の比率の推移(日本自動車工業会のデータを基に筆者作成)

これだけ小さい排気量のエンジンのクルマが新車の販売台数に占める比率が高い国は他にはなく、かなり特異な市場といえる。

もう一つ、日本市場の特徴であるHEVの比率は2016年で25・7%と、国内の新車販売台数の4分の1を超えるまでになっている。新車に占めるHEVの比率にはメーカー間で差があり、ホンダの場合、2017年の国内新車販売台数に占めるHEVの比率(軽自動車を除く)は49%と半分近くを占める。トヨタ自動車も2016年のHEV比率は43%に達しており、この両社が日本におけるHEVの比率を大きく引き上げている。

ただ、ここに来てトヨタとホンダ以外のメーカーもHEVに力を入れ始めている。日産自動車は2016年11月になって、同社としては初めて普及価格帯のH

ＥＶ「ノート e-POWER」を発売した。ノート e-POWER がトヨタやホンダのＨＥＶと異なる点は、エンジンを発電だけに使い、タイヤを駆動する役割はもっぱらモーターにまかせている点だ。このため、ホンダやトヨタのＨＥＶに比べると、走らせたときの感覚が、よりＥＶに近いのが特徴である。ノート e-POWER の販売は好調で、２０１７年に排気量１・５Ｌクラスの小型車で販売台数１位を獲得した（ＨＥＶでない通常の仕様も含めたノート全体の販売台数）。

ＨＥＶが売れるのは「不思議な現象」

さらにスズキも、２０１６年11月に「ソリオ」、２０１７年７月には「スイフト」にハイブリッド仕様を追加しており、２０１８年の国内新車販売台数に占めるＨＥＶの比率は２０１７年をさらに上回ることは間違いない。

このようにＨＥＶが販売台数全体の４分の１以上も占めるような自動車市場は世界に存在しない。調査会社の富士経済の調査によれば、２０１６年の世界のＨＥＶの新車販売台数は１８２万台で、世界の新車販売台数全体の約９３８６万台の１・９％程度を占めるに過ぎない。世界の市場を見れば、ＨＥＶは非常に小さな比率しか占めていないのだ。

逆に、海外の消費者からみると、日本でＨＥＶが売れているのは不思議な現象と映っているようだ。というのもHEVは今のところ「元が取れない」クルマだからだ。例えば代表的なHEVとして先ほどのノートe-POWERを取り上げてみると、HEVでない通常のノートに比べて、同等グレード同士の比較で販売価格は約33万円高い。一方で、両者の燃費の違いをユーザーからの実燃費情報を集めたサイト「e燃費」で見てみると、e-POWERの18・93㎞/Lは、通常のガソリンエンジン仕様の15・43㎞/L（どちらも2018年1月現在）に対して、22・7％上回るに過ぎない。

例えば年間の走行距離を1万㎞、ガソリン価格を140円/Lと仮定すると、e-POWERの年間のガソリン代が7万3956円、ガソリンエンジン仕様の場合が9万7732円で、その差は1万6776円となり、33万円の価格差を、このガソリン代で償却しようと思うと20年近くかかる。つまり事実上元を取ることは不可能だ。なぜ日本の消費者が元が取れないHEVを買うのかは、理屈のうえでは不可解なのだが、HEV以外でも、車両購入時には30万円もするようなカーナビゲーションシステムをオプションで選ぶのに、せっかく通信機能がついていても、月々の通信料を惜しんで通信機能は使わない、というユーザーがかつては多かった。どうも日本の消費者には、イニシャルコストには寛容でも、ランニングコストにはシビアな傾向が強いようだ。

１億台に近づく世界の自動車販売台数

次に、世界の自動車産業に目を転じてみよう。日本では自動車市場はピークを過ぎ、人口減少に伴って、これから自動車の販売台数も緩やかに減少していくと見られている。つまり、日本市場だけを見ていると自動車産業は成熟産業ということになるが、世界全体を見れば、自動車産業はまだ成長産業である。先に紹介したように、２０１６年の世界の自動車販売台数は約９３８６万台で、２０１５年に比べると４・７％の成長である。将来的にも成長は維持されると見られており、２０２０年には世界の自動車販売台数は１億台を超え、２０２５年には１億１０００万台に達すると見込まれている。

もう一つ、世界の自動車市場で顕著に起こっていることは、自動車市場の中心が次第に新興国に移りつつあるということだ。非常に大雑把にいうと、２００５年には、世界の自動車販売台数に占める、先進国と新興国の比率は２：１程度だった。これが、２０１５年ごろになると両者の比率が半々になり、そして２０２５年になると、この比率は１：２と逆転すると見られている。

こうした世界の自動車市場で、日本の完成車メーカーは確たる地位を築いている。やや古い

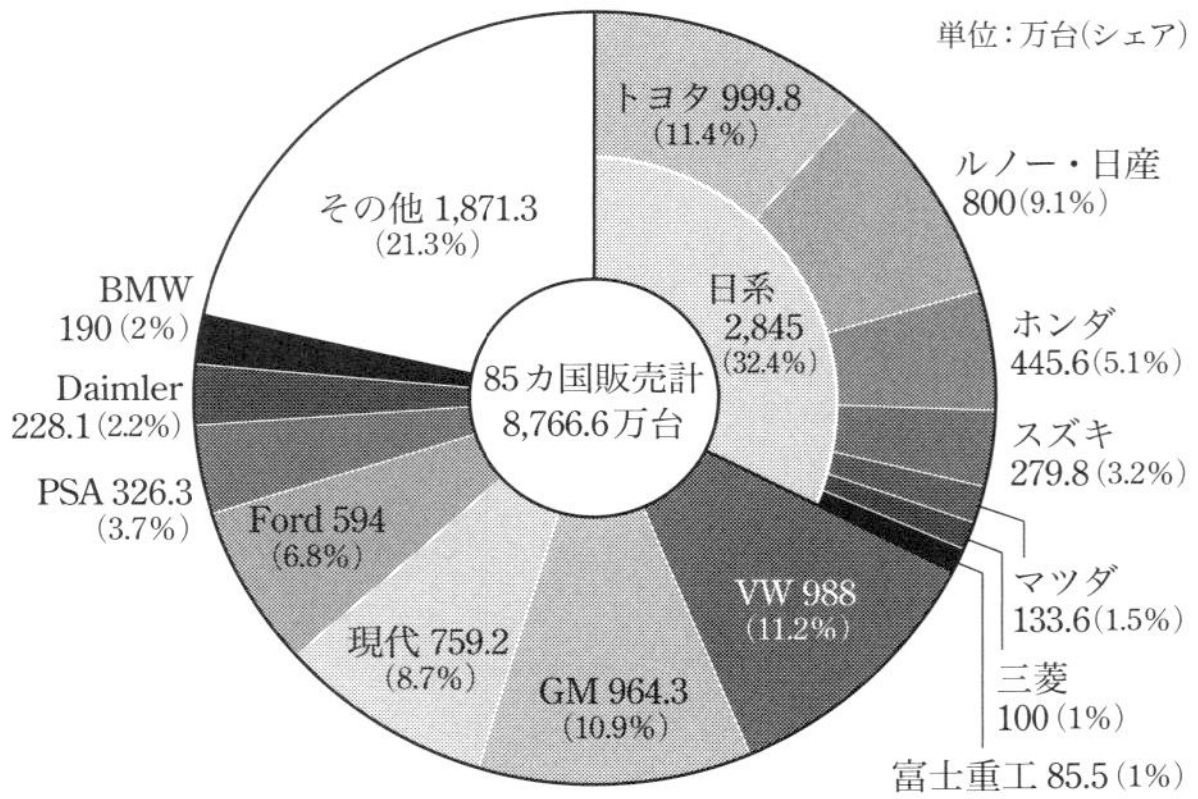

世界の自動車販売に占める日本車のシェア(2014年)(出典：経済産業省)

データになるのだが、2014年に世界で販売された自動車8767万台のうち、日本メーカーが販売した台数および、日本メーカーと海外メーカー(主に中国メーカー)の合弁会社が販売した台数の合計は2845万台と、全体の32・4%を占めた。つまり世界で販売されているクルマのうちの約3分の1は、日本メーカー製、または日本メーカーの合弁会社製が占めるということになる。世界にこんな国や地域はなく、文字通り日本は世界最大の自動車大国といえる。

では具体的に、日本のクルマはどこで売れているのか。まず日本国内では、登録車に占める輸入車の比率が2016年に9・1%と、過去最高になった。日本では海外メーカーが自動車を生産していないので、この比率がほぼ、外国車の比率になる。つまり日本では、軽自動車を除く新車販売の約10台に1台が海外メーカー製ということになる。逆にいえば、日本市場では、販売されているクルマの9割以上は日本製だ。この比率は他の先進国に比べると高い。

例えば米国市場では、2014年のデータで、米国系のメーカーが販売する比率は全体の約45%しかなく、残りの55%のうち約37ポイントを日本メーカーが占める。つまり、米国で販売されているクルマの4割弱は日本メーカーが占めているのだ。

欧州市場においても、販売されているクルマのうち欧州系のメーカーが販売しているのは65%と全体の3分の2に過ぎず、残りの35%のうち約10ポイントを日本メーカーが、約15ポイントを米国系のメーカーが販売している。こう見てくると、日本の市場というのは、軽自動車やHEVの比率が高いことに加え、国内メーカーの比率が高いということでも特異な市場といえるだろう。

新興国市場についていえば、世界最大の中国市場においても日本メーカーは存在感を示している。中国の自動車市場は2016年に前年比13・7%増の2803万台となり、世界の自動車販売台数の約30%を占めた。同じ年に約1700万台だった米国市場、約1600万台の欧州市場(EU+EFTA加盟国の合計)に対して、断トツの世界最大市場である。この市場は、世界の自動車メーカーがしのぎを削る世界で最も厳しい市場になっている。というのも、米国、欧州、日本、韓国、それに現地の自動車メーカー各社が入り乱れて覇を競っているからだ。

これも２０１４年のデータになるが、中国系の現地自動車メーカーが約38％と最も多くの比率を占めるものの、その中で圧倒的に大きいメーカーはいない。一方、海外メーカーでは欧州系が約24％と最大の比率を占め、そのうちの18ポイントを占めるフォルクスワーゲン（ＶＷ）グループが中国市場で最大のシェアを誇る。日本メーカーのシェアは約16％で海外勢では２位、米国系は約13％で３位、韓国系が約９％で４位だ。ＶＷグループを除くと、海外勢でもＧＭと現代自動車の約９％が最大で、全体的に見て、中国市場はいまのところ、群雄割拠の状態といえる。

こうした中でも日本メーカーは健闘している。最新の２０１７年の販売状況（マークラインズ調べ）を見ると、日本メーカーの合計のシェアが約17％に拡大する一方で、欧州勢のシェアは約22％、韓国勢のシェアも約５％、米国勢のシェアも約12％に縮小し、一方で中国の現地メーカーが約44％と大幅にシェアを伸ばしている。メーカー別では、１位のＶＷ、２位のＧＭに次いで長らく現代自動車が海外メーカー３位の座を占めていたが、中国と韓国の間で高高度ミサイル防衛システム（ＴＨＡＡＤ）の問題がこじれた影響もあってシェアが低下、代わって日産自動車が海外メーカーでは3位に浮上した。

このように日本の自動車メーカーは、世界第2位の市場である米国で確固たる地位を築いているのに加え、最近では世界第1位の市場である中国でも海外メーカーがシェアを落とす中で、じわじわと存在感を増している。しかし、世界第3位の市場である欧州ではなかなか存在感を示すことができていない。ACEA（欧州自動車工業会）の調査によれば、2008年以前には10％以上あった欧州における日本車（乗用車）のシェアは、2009年に10％以下に急落した後、8％程度から回復できないでいる。

このほかの地域については、経済産業省の資料に記載がないのだが、総じて東南アジアではシェアが高く約8割、インドでも半分近くを日本メーカーが占める。一方で南米やロシアでは2割以下のシェアしか獲得できておらず、相対的に日本車が弱い地域といえる。まとめると日本車は世界で3割程度のシェアを占め、日本国内、米国、東南アジアでは高いシェアを占めているが、一方で欧州、中国、南米、ロシアなどの地域ではまだそれほど高い存在感を示せていないということになる。

東日本大震災で貿易赤字に

このように日本の自動車産業は、総体としては世界で高い存在感を示しているが、問題は日本経済そのものが自動車への依存度を高めていることだ。これも古い資料になってしまうが、2005年の総務省の資料によると、自動車産業の出荷額は主要製造業の約2割に当たる52兆円で、関連就業人口は同じく主要製造業の約1割に当たる550万人に上る。さらに、自動車の輸出額は、輸出額全体の2割に当たる15兆円に達する。

ここで関連就業人口には素材産業や輸送サービス、ガソリンスタンド、自動車販売店などが含まれているが、間接的な就業人口はさらに多いだろう。工場の近くにある飲食店や繁華街、自動車関連の出版産業や広告産業、さらには自動車関連の道路や標識などインフラ関連の産業もある。こうした業種の就業人口まで含めれば、関連就業人口は1000万人に達するのではないだろうか。

国内での雇用の創出という点に加え、外貨を稼ぐという点でも自動車は非常に重要な産業となっている。次ページの図は日本の輸出と輸入をそれぞれどういう品目が占めているかを示したものだ。これを見てまず分かるのは、日本の輸出が2010年ごろをピークに減少傾向にあること、一方で2011年以降に日本の輸入額が急増し、この結果として日本は2011年に

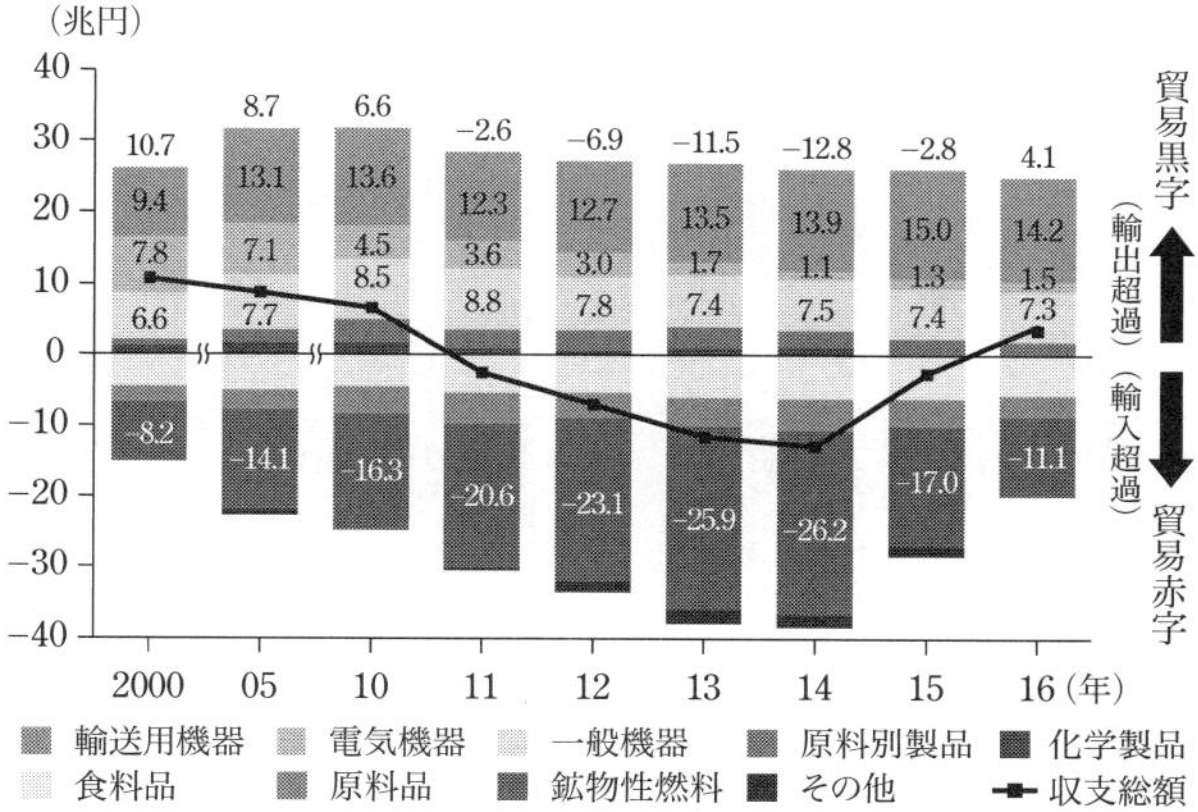

日本の輸出品目と輸入品目.「輸送用機器」が最大の輸出品目であることが分かる（出典：ものづくり白書 2017）

貿易収支が赤字に転じ2016年になってようやく赤字が解消したことだ。

かつて貿易立国を掲げていた日本が貿易赤字に転じた主因は2011年3月に見舞われた東日本大震災という未曽有の災害である。この結果として日本のすべての原子力発電所が停止し、これを補うために日本の発電に占める火力発電の比率は急上昇した。2011年以降に輸入額が急増しているのは品目でいえば「鉱物性燃料」であり、分かりやすくいえば原油である。

折悪しくも、2011〜2014年は原油価格が1バレル90ドル以上に高騰していた時期だった。このため、日本の原油輸入額が大幅に膨らんでしまったのが、日本の貿易収支が赤字に転落した主因である。原油価格が2015年以降に1バレル50ドル前後まで大幅に下落したことで原油の輸入額は急減し、結果として日本の貿易収支は黒字を回復した。

クルマが外貨稼ぎの中心に

しかし、日本が貿易赤字に陥った原因としてもう一ついえるのは、日本の輸出額が2005年以降、一貫して下がり続けていることである。そして、この輸出額減少の原因を見ていくと、2005年には7・1兆円あった「電気機器」の輸出額が、2016年には1・5兆円まで減少していることに気づく。その他にこれほど急激に減少している品目はない。つまり、電気機器が海外に売れなくなったことが輸出額の減少の主因だということができる。

この期間に電気機器にいったい何が起こっていたのか。それは、日本の電機産業の競争力の急速な低下である。2005年ごろといえば、日本は液晶テレビで世界最大の生産国であり、また携帯電話機やパソコンなどでも高い競争力を維持していた。さらにメモリーを中心とした半導体においても世界市場で一定の存在感を示していた。ところがその後、液晶テレビでは韓国サムスン電子やLGエレクトロニクスが台頭し、これと歩調を合わせるように、日本のテレビ産業は勢いを失っていった。

また２００７年に登場した米アップルの「iPhone」は、スマートフォンという新しい製品分野を開拓し、従来の携帯電話機、いわゆるガラケーを駆逐していった。日本メーカーもスマートフォンを商品化したものの、世界市場ではiPhoneや韓国製、台湾製スマートフォンとの競争に敗れ、撤退を余儀なくされた。さらに、２００５年の時点では電気機器の中で輸出額の４割近くを占めていた半導体においても、韓国や台湾、米国企業との競争に敗れ、輸出額は激減している。

一方で、それまでは国内のメーカーの比率が高かった携帯電話機において、iPhoneをはじめ、韓国製や台湾製のスマートフォンの輸入額が急増し、電気機器という品目だけで輸出額から輸入額を差し引いた貿易収支は、２００８年の6・7兆円の黒字から、２０１６年には１・５兆円の黒字にまで縮小した。

一方で、自動車を中心とする「輸送用機器」の貿易収支は、２０００年の9・4兆円から、２０１６年には14・2兆円に増加し、貿易黒字を稼ぐ品目としては、2位の一般機器（7・3兆円）を引き離して、断トツの地位を占めている。ここで注目すべきは、自動車が決して輸出型の産業ではないにもかかわらず、これだけの貿易黒字を稼いでいることだ。

１９９０年には、日本の自動車産業は国内での生産台数が１３４９万台に上り、海外生産は

326万台に過ぎなかった。これが2014年には、国内生産が977万台へと減少する一方で、海外生産は1747万台へと5倍以上に伸びた。輸出台数も、1990年の583万台から2014年には446万台に減っている。2000年の445万台と比べても横ばいに過ぎない。2000年以降に、台数が伸びないまま黒字額が大幅に増加していることは、輸出している製品の付加価値が上がり、普及価格帯の製品は現地生産、高付加価値・高価格の製品は日本からの輸出という棲み分けができていることを示す。例えばトヨタ自動車は、米国で販売する「トヨタ」ブランドの車種は現地生産しているが、高級ブランドである「レクサス」の車種の多くは日本から輸出している。

黒字は貿易だけではない

海外での現地生産が拡大していることを考え合わせると、自動車産業の日本経済への貢献は、貿易収支以上に大きい。日本は2011～2015年の、貿易収支が赤字に陥っていた時期にも経常収支は一貫して黒字を保ってきた。その経常収支黒字を保つうえでも、自動車産業が大きく貢献していたと考えられるからだ。

経常収支というのは、貿易を含めた海外とのお金のやりとりをすべて足し合わせた総合的な収支のことだ。貿易以外の海外とのお金のやりとりには、所得収支とサービス収支がある。所得収支の代表的なものは日本の企業が海外に設立した子会社から得る収益である。海外の子会社に部材や製品を販売したり、子会社が上げた収益の一部を配当金として本社に還流させたり、あるいは子会社が製造する製品のロイヤリティを本社が徴収したりといったものである。これ以外の所得収支としては、例えば日本の企業が海外の金融商品を購入して上げた利益などがある。

一方のサービス収支は、輸送運賃、旅行、保険料、情報、特許の使用料など、海外の人やサービス向けにサービスを提供した対価として受け取った収益を指す。最近だと、国内への外国人旅行者が増加した結果、長らく赤字だった旅行収支が２０１４年度に初めて黒字になったのが話題になった。

少し話が横道にそれたが、ここで言いたかったのは、日本の自動車メーカーは輸出で稼ぐだけでなく、海外の子会社でクルマを生産し、そこで上げた収益を配当金やロイヤリティの形で国内に還流させており、その額は海外生産の拡大に伴って増加しているので、貿易以外の部分でも日本が外貨を稼ぐのに貢献しているということだ。

日本の自動車産業は変化を乗り越えられるのか

このように日本の自動車産業は現在、世界に冠たる地位を築き、多くの雇用を生み、そして外貨を稼ぐのに貢献している。半導体やテレビといったかつての主力商品で勢いを失った日本の電機産業は、自動車産業向けの部品を増やすことで、復活のきっかけをつかもうとしている。日本の産業全体がいま「自動車一歩足打法」になっているといっても過言ではない。

しかし最強を誇る日本の自動車産業にも大きな弱点がある。それは、「品質のいいクルマを競争力のある価格で販売する」という自動車のビジネスモデルが、自動車産業の誕生以来100年以上変わっていないということだ。自動車メーカーはこれまでビジネスモデルの転換を一度も体験したことがなく、その組織は既存のビジネス向けに最適化されているため、新しいビジネスを生み出すにはあまりにも硬直化している。

プロローグで指摘したように、現在の自動車産業は「電動化」「自動化」「コネクテッド化」という大きな変化にさらされている。これらの変化がもたらすものは、単にクルマのエンジンが電気モーターに置き換えられたり、クルマの運転がラクになるといった表面的な現象ではない。これからの10〜20年で、自動車産業というビジネスモデルは、その根底からの変化を余儀なくされる公算が高い。しかし、どんなビジネスモデルが最終的に勝者となるのか、誰にもその結果は見えていない。こうした先の読めない局面では、競合他社よりも早く新しいアイデアを市場に投入し、その反応を見てはアイデアを修正する機敏さと柔軟性が要求される。しかし、こうしたカルチャーは、商品の完成度を可能な限り高めてから市場に投入するというこれまでの自動車産業のビジネススタイルとは相容れない。

しかし、不得手だからといってこの競争から降りるわけにはいかない。すでに書いてきたように、自動車産業は日本経済の屋台骨になっているからだ。もし自動車産業が揺らげば、日本の経済は大きな打撃を受けることになる。第2章では、三つの大きな変化の中で、まず「電動化」について取り上げる。日本の完成車メーカーはエンジンと電気モーターを両方搭載するHEVを世界に先駆けて商品化し、電動化では世界の先頭を走っているはずだった。しかし実際には、世界の潮流にむしろ乗り遅れているのではないかという指摘が出ている。それはなぜなのか。どうしてそうなってしまったのか。それには欧州や中国の思惑があった。

第2章
すべてのクルマはEVになるのか

ドイツ・フォルクスワーゲンのEV(電気自動車)のコンセプト車「I.D. Concept」(出典:フォルクスワーゲン)

2040年までにガソリン車やディーゼル車の販売を禁止する──。2017年7月6日に、フランスのユロ・エコロジー大臣が打ち出した方針は世界に衝撃を与えた。そして追い打ちをかけるように同月26日には、英国も2040年までにガソリン・ディーゼル車の販売を禁止するという同様の方針を表明した。じつはこの発表内容では報道が錯綜しており、エンジンを搭載するクルマはHEV（ハイブリッド車）も含めてすべて禁止されるという報道と、HEVは許容されるという二つの報道がある。

筆者は欧州の完成車メーカーの技術担当役員にもその内容を確認したことがあるが、曖昧な返答に終止した。ただし大方の見方は、EV（電気自動車）やFCV（燃料電池車）、それにPHEV（プラグインハイブリッド車）は許容されるものの、通常のHEVは許容されないのではないかというものだ。

既に欧州ではノルウェーが、2025年までに国内で販売する車両をEVかPHEVに限定することを検討しているほか、オランダも同様の政策を検討している。しかし、フランスや英国のような欧州の大国がエンジン車の販売禁止を打ち出すインパクトは大きい。

先進国だけではない。この章の後半で詳しく触れるように、世界最大の自動車市場である中国では現在、EV、PHEV、FCVの普及を促す政策を強く推し進めているほか、インドでもモディ政権が2030年までに国内で販売する車両のすべてをEVにする方針を打ち出している。いまや世界で「排ガスを出さないクルマ」への流れが加速しているのだ。

じつは少し前まで、欧州の完成車メーカーは車両の電動化にそれほど熱心ではなかった。第1章で触れたように、国内販売でHEVの比率が高い日本の市場は世界的に見れば特異な市場だったのである。それがここへ来て、世界の自動車市場で電動化への流れが鮮明になりつつあるのはなぜなのか。

環境車両の分類と特徴

本論に入る前に、様々な環境車両の名前が出てきたので、それぞれについて、改めてここで整理しておこう。

まずHEVは、駆動源として電気モーターとエンジンの両方を組み合わせ、小さい容量のバッテリーも搭載している車両だ。低速走行時や加速時など、エンジンの効率が悪い領域ではモーターで駆動することで燃費を向上させようというものだ。バッテリーの残量が少なくなるとエンジンの駆動力の一部を発電に使って充電するので、車両をコンセントにつないで充電する必要はない。ＨＥＶの中には、第1章で紹介した日産の「ノート e-POWER」のように、エンジンはもっぱら発電に使い、駆動力はモーターだけから得る、構造としてはＥＶに近いものも存在する。

ＰＨＥＶは、いわばバッテリーの容量を増やしたＨＥＶである。通常のＨＥＶが、バッテリーだけでは数百ｍから長くても数㎞しか走行できないのに対して、ＰＨＥＶはバッテリーだけで40～60㎞走行可能なものが多い。また、外部からの充電も可能だ。このため日常走行はほとんどエンジンをかけずＥＶとして使い、長距離移動する場合だけエンジンを始動して駆動力を得たり、バッテリーに充電したりするという使い方になる。ＨＥＶと同様、ＰＨＥＶにもエンジンをもっぱら発電に用いるタイプと、駆動力も得るのに使うタイプがある。発電専用のエンジンを「航続距離を延長する」という意味で「レンジエクステンダー」と呼ぶ場合もある。

ＥＶは文字通り、バッテリーの電力だけで走行する車両で、エンジンや変速機がないぶん、構造としてはＨＥＶやＰＨＥＶよりもシンプルだ。これまではバッテリーの性能が十分でなく、またコストも高かったために、市販ＥＶの航続距離はせいぜい１５０～２００㎞のものが多かった。これに対して最近ではバッテリーの性能が向上し、コストも低下してきたため、４００㎞前後の航続距離を備えたＥＶが市販されるようになり、中には米テスラの「モデルＳ」のように１０００kmもの航続距離を備えたものも登場した（もっともこの車種は価格が約１７００万円もするのだが……）。

最後に紹介するＦＣＶは、燃料電池（ＦＣ）という一種の発電装置を搭載した車両である。水素と酸素を反応させると水に変化する際にエネルギーを放出する。このエネルギーを電気の形で取り出すのがＦＣだ。反応してできるのは水だけなので、エンジン車のような有害物質もCO_2も発生しない。この点はＥＶと同じである。

ＦＣがバッテリーよりも優れているのは航続距離を延ばせる点と、エネルギーの補給が短時間でできる点だ。現在市販されているＥＶの航続距離が、上記のように一部の高級車を除けば４００km程度なのに対して、例えばトヨタが市販しているＦＣＶ「ＭＩＲＡＩ」の航続距離は６５０km（同社による参考値）ある。また、ＥＶの場合、高速充電器を使っても80％充電するのに30分程度かかるのに対し、ＦＣＶは水素の補給に3分程度しかかからない。

これだけを見るとＦＣＶはいいことずくめのようだし、だからこそトヨタやホンダは普及に力を入れているわけだが、もちろんＦＣＶにも問題点はあり、筆者は個人的には普及に懐疑的だ。ＦＣＶの将来については、この章の最後で触れよう。

2016年のパリモーターショーがきっかけに

話を世界の自動車業界の電動化に戻す。

流れが変わった――。筆者がそう感じたのは2016年秋に開催されたフランスのパリモーターショーである。パリには、イベント用の展示会場として、パリの中心部から見て北東のヴィルパントと、南西に位置するポルト・ド・ヴェルサイユがある。ヴィルパントの展示会場のほうが新しくて大規模なのだが、伝統あるパリモーターショー(正式にはMondial de l'Automobileという。直訳すると自動車の世界ということになる)は、古いほうのポルト・ド・ヴェルサイユで開催される。

世界の展示会場は、日本の東京ビッグサイトのように、すべての展示スペースが屋内でつながっているものが多いのだが、ポルト・ド・ヴェルサイユの展示場は珍しく、建物の一つひとつが独立していて、別の建物に移る際には外に出なくてはならない。40代以上の読者なら、かつての晴海の展示場を思い浮かべていただければいい。

このモーターショーを取材して驚いたのが欧州の自動車メーカーのEVへの傾斜ぶりである。世界最大の自動車グループであるドイツ・フォルクスワーゲン(VW)を筆頭に、高級車ブランドの「メルセデス・ベンツ」を展開するドイツ・ダイムラー、日本の日産自動車のグループ企業であるフランス・ルノーなどが新型ＥＶを出展の目玉に据えたのである。このモーターショーが、世界の完成車メーカーが一斉にＥＶ化に向けて走り出したきっかけになった。

それまで欧州の完成車メーカーは、環境技術の柱に改良型のディーゼルエンジンやガソリン

ドイツ・フォルクスワーゲンが展示したEVのコンセプト車「I.D.」．同社が2020年に商品化を予定する新型EVをイメージしたモデル(出典：フォルクスワーゲン)

ダイムラーが出展したEVのコンセプト車「Generation EQ」(筆者撮影)

エンジンを据え、ＨＥＶに代表される電動化技術を柱に据える日本とは一線を画していた。その状況が一変し、環境技術はＥＶへという流れに変わったのだ。どうして状況は一変したのか。

ディーゼルゲートが変化の引き金に

変化の引き金になったのは、２０１５年9月に明らかになったフォルクスワーゲンのディーゼルエンジン不正事件だ。ウォーターゲート事件をもじって、「ディーゼルゲート」と言われることもある。では、ディーゼルゲートとは何だったのか。欧州における次世代環境技術の流れを大きく変えた事件なので、ここでは少し詳しく解説しておこう。

事の発端は、１本のレポートだった。２０１４年11月に、米国のＩＣＣＴ（International Council on Clean Transportation）という団体が、完成車メーカー6社・15車種のディーゼル乗用車に排ガス試験装置を搭載し、実際の道路上を走行させて排ガス中の有害物質の量を測定した結果を公開したものだ。驚いたことに、15車種中で欧州の最新の排ガス基準（当時）である「ユーロ6」の窒素酸化物（NO_x）排出基準を満たしていたのはわずか1車種で、他の車種はすべて、ユーロ6はおろか、一段階古い基準であるユーロ5基準値でさえ達成していなかったのである。そのうち、特にＶＷの2車種はユーロ6基準値の20倍以上を排出していた。

カタログ燃費と実走行燃費の間にかなりの違いがあるというのは多くの一般ユーザーが感じていることだと思うが、じつはＶＷの車種に限らず、実走行時の排ガスに含まれる有害物質の量が多くの場合に排ガス基準値を超えているというのは、自動車関係者にとっては半ば「常識」である。その原因は、クルマの燃費や排ガス中の有害物質を測定する際に、実際の路上でクルマを走らせて測定するのではなく、シャシーダイナモと呼ばれる台上試験機にクルマを載せ、試験機の上で模擬的にクルマを走らせて測定する点にある。

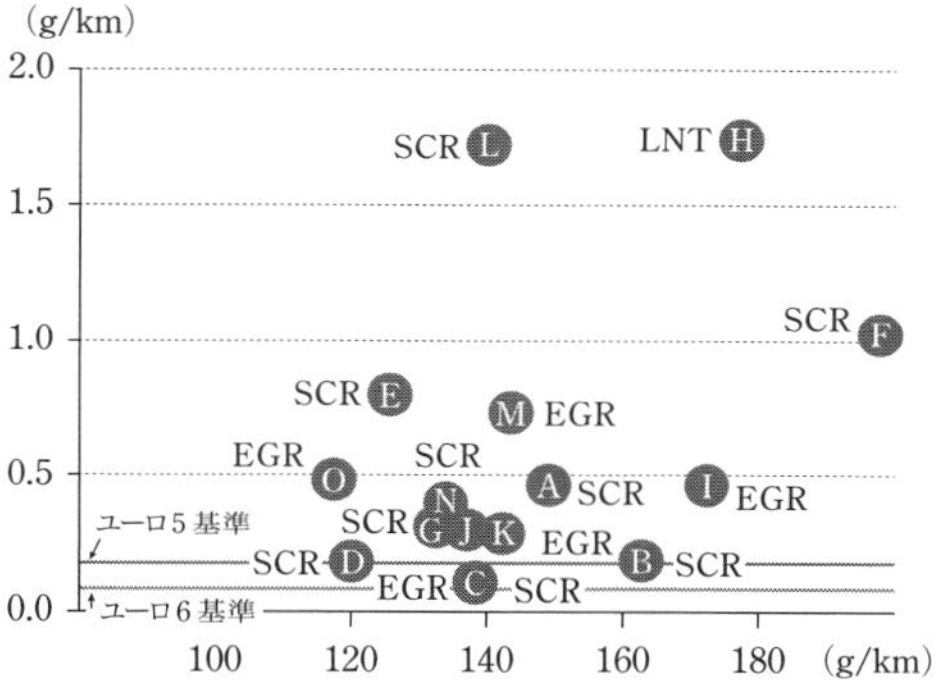

ICCTによる実際の道路走行時に排出されたNOx排出量(縦軸). 横軸はCO_2排出量. A〜Oが車種を表し, SCR, LNT, EGRはそれぞれの車種が採用する主なNOx低減技術を表す. SCRはNOx選択還元触媒, LNTはNOx吸蔵還元触媒, EGRは排ガス再循環装置を指す(出典：ICCT “REAL-WORLD EXHAUST EMISSIONS FROM MODERN DIESEL CARS”)

シャシーダイナモでは、クルマは大きなローラーの上に載せられ、クルマの駆動力はこのローラーを回すのに使われる。このローラーを回すのに必要な抵抗力をクルマの重さや空気抵抗を考慮して調整することによって、実際の走行状況を台上試験機で模擬するわけだ。また、この模擬走行をする際の走行パターンも、何秒間アイドリングをして、その後時速40㎞まで加速し、すぐ20㎞まで減速し……というように定められている。日本でいえば「ＪＣ08モード」という走行モードが、乗用車の燃費や排ガス性能の測定に使われている。

このように、燃費や排ガス性能の測定は試験室内の台上試験機で行われているため、どうしても実際の走行時とは差が出てきてしまう。例えば日本のＪＣ08モードには坂道走行が含まれていないし、時速80㎞以上の速度領域も含まれていない。また2名乗車時を想定して測定しているので、それ以上の人員が乗ったり、エアコンを作動させたりすれば、エンジンにはそれだけ負担がかかる。それに試験時の走行モードは、加速度なども決まっているが、実走行時には、それ以上にアクセルを踏み込むことも当然あり得る。これらは皆、排ガス中の有害物質を増加させる方向に働く。こうした「リアルワールド」での排ガスの実態は、これまであまり光の当てられることのなかった「闇」の部分だったといえるかもしれない。

このため欧州では今回のＶＷの事件をきっかけにして２０１７年秋以降に発売される新型車から、実際の路上を走って燃費や排ガス性能を測定する「ＲＤＥ（Real Driving Emission）」という手法が適用されるようになった。

米当局が動き出す

しかし、たとえ試験室内の測定結果と実際の路上での測定結果が違うことが周知の事実だったといっても、今回のICCTの試験結果は、あまりにもその乖離が大きすぎた。このためICCTはCARB（カリフォルニア州大気資源局）とEPA（連邦環境保護局）にメールでこの結果を通報し、両局はVWに対して確認を求めたが、VWは当初「測定方法に問題がある」として説明を拒んでいたという。しかしVWが説明を拒否する間に、CARBが進めた調査で判明した事実は衝撃的なものだった。

というのは、VWのエンジンを制御するECU（電子制御ユニット）に組み込まれているソフトウエアに〝スイッチ〟（EPAの呼び方）が組み込まれており、このスイッチが「ステアリングの位置」「車速」「吸気圧」などからEPAの排ガス試験中であることを検知すると、ECUが「試験用」の制御ソフトウエアを走らせて、排ガスに含まれる有害物質のレベルを基準値以下に抑える仕組みになっていたのだ。逆に試験中ではないとスイッチが検知すると、ECUは「走行用」の制御ソフトウエアに切り替えて、排ガス浄化装置の中でも、特にNOxを低減するための触媒の働きを弱める。結果として、排ガスに含まれるNOxの量は、走行状況によってEPAの基準値の10～40倍に達するという。EPAの大気浄化法(CAA)では、通常走行時に、排ガスの浄化装置を無効にする「デフィート・デバイス(無効化装置)」の搭載を禁止しており、この〝スイッチ〟の搭載は、法律違反だというのだ。

CARBはこうした調査結果をVWに突きつけたものの、VWは説明を拒み続けた。業を煮やしたCARBは2015年8月、VWに対して2016年型車を販売させないと通告した。この通告に対し、ついにVWは不正なソフトの搭載を認めた。

違法なソフトウエアを搭載していたのはVWが米国で販売した2009～2015年型の「ゴルフ」「ジェッタ」「ビートル」と2014～2015年型の「パサート」。およびVW傘下のドイツ・アウディが販売した2009～2015年型の「A3」のディーゼル仕様車の合計約48万2000台だ。結局VWは、当時の経営陣が退陣に追い込まれ、2016年6月に米当局と総額147億ドル(1ドル＝106円換算で約1・6兆円)の制裁金を支払うことで和解するという高い代償を払うことになった。しかも、ディーゼル不正事件は米国だけでなく、ディーゼル乗用車の主力市場である欧州にも飛び火し、結局リコール台数は全世界で1100万台にも上った。

なぜVWは不正に手を染めたのか

ＶＷはなぜ、これほどのリスクを冒してまで違法ソフトを搭載したのか。もともと、ＶＷにとって米国での販売台数は多くない。ＶＷグループの２０１５年１～８月の米国市場での販売台数は約40万５０００台でシェアは３・５％。このシェアは、富士重工業（現スバル）の３・２％と同程度に過ぎない。今回の事件で制裁金の対象となるディーゼル乗用車の台数が、２００９年から２０１５年までの６年間で、たった48万２０００台、１年当たりわずか８万台程度と聞いて、その少なさに一桁違うのではないかと思ったほどだ。

２００７年に就任したウィンターコーンＣＥＯ（最高経営責任者、当時）にとって、米国市場での販売台数の拡大は重要課題の一つだった。１９８８年に米国現地生産から撤退して以来、23年ぶりとなる米国工場を２０１１年５月に稼働させ、米国専用モデルの「パサート」の生産を開始するなど、並々ならぬ努力を払ってきた。ＥＰＡから違法ソフトを搭載していると指摘を受けた２００９年型ジェッタのディーゼル仕様である「ジェッタＴＤＩ」は、燃費が良くパワフルなディーゼルを米国市場開拓の尖兵とするＶＷの戦略を担うモデルだった。実際その狙いは当たり、ジェッタＴＤＩは好調な販売を示した。

ジェッタＴＤＩが投入された２００８年は、米国でトヨタ自動車の「プリウス」が、環境意

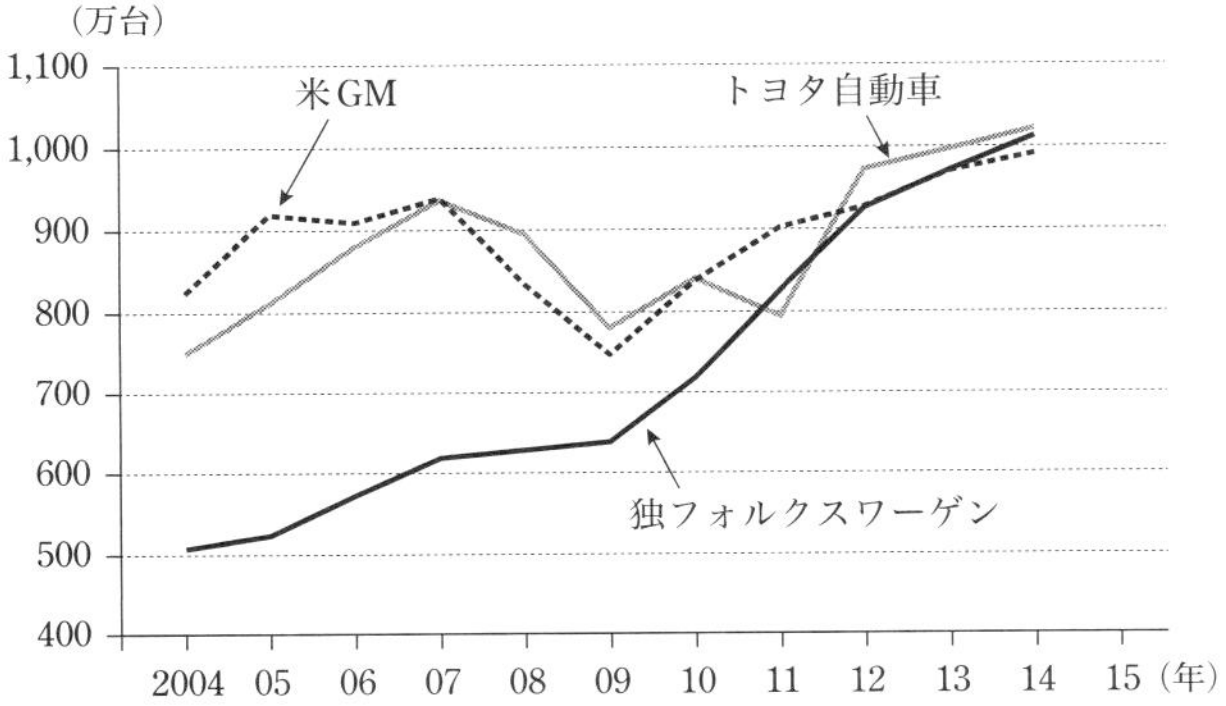

フォルクスワーゲンは2004年から2014年の10年間でグループの世界販売台数を約500万台から約1000万台へと2倍に急伸させた(各社の資料より筆者作成)

識の高さを示す「アイコン」としてハリウッドスターの人気を集めていた時期でもあり、当時HEVを持たなかったVWが、燃費に優れるクリーンディーゼルを、それに代わるアイコンとして訴求しようとしたとしても不思議はない。

ではなぜVWはそれほどまでに米国市場での開拓で無理をしたのか。その根底にあるのは、普通では考えられないほどの成長志向であろう。VWグループの世界生産台数は2004年の約500万台から、2014年には約1000万台へと、10年で約2倍という急成長を果たした。日本市場の年間の自動車販売台数は約500万台だから、VWグループは10年で、世界第4位の市場である日本の国内販売台数に匹敵する販売台数を増やしたことになる。これは自動車産業の歴史でも類を見ない成長スピードだ。

ＶＷは２００７年に発表した中期経営計画「ストラテジー２０１８」で、２０１８年までにグループの世界販売で１０００万台を達成し、世界一の自動車グループとなることを目指すと宣言したが、実際には２０１４年に販売台数目標を４年前倒しで達成し、世界一のトヨタ自動車グループに肉薄、２０１５年の前半には世界販売台数でトヨタを抜き、世界最大の自動車グループになるのが目前のところまで来ていた。その矢先に今回の事件は起きた。

ＶＷグループは、中国市場で高いシェアを誇る。現在では、中国市場での販売台数比率が、同グループの世界販売台数の約4割を占め、同じく4割程度を占める欧州市場と並ぶ市場になっている。中国市場がこの10年で飛躍的に成長したことが、同グループの成長に大きく寄与したことは間違いない。10年で2倍、５００万台の成長を果たそうとする中で、社内には尋常ではない販売拡大への強烈なプレッシャーがあったようだ。

米国市場は中国に次ぐ世界第2位の市場であり、世界での販売台数を伸ばすために、まだＶＷがシェアの低い米国市場の開拓は先に述べたように重要課題だった。そのためには「売り物」となる商品が必要であり、ＶＷは燃費のいいディーゼル車を、ＨＥＶに対抗する戦略商品に仕立て上げようとしたわけだ。ところが、そこには落とし穴があった。当時の米国のディーゼル排ガス規制は世界で最も厳しく、これにまともに適合させようとすると、車両のコストが上昇し、しかも肝心の燃費も低下してしまうという難題に見舞われたのだ。

コストを上昇させず、燃費も悪化させず、排ガス規制に適合させるにはどうしたらいいのか——。こうしたプレッシャーが、違法なソフトの搭載に手を染める背景にあったことは間違いない。今回問題になった違法ソフトの搭載が米国で始まったのが、ストラテジー2018の計画初年度に当たる2008年だったことは、この中期計画と今回の事件の関係を暗示する。

世界で最も厳しいCO_2排出量規制

ディーゼルゲート事件の説明が長くなったが、VWがこうした不正に手を染めた背景には、こうした並外れた成長志向に加えて、欧州で強化が進む世界で最も厳しい環境規制があった。VWは先に触れたように、米国だけでなく欧州で販売するディーゼル車でも同様の不正を行っていた。その目的は、欧州における2015年のCO_2排出量規制への対応だったと言われている。VWがこの規制を満たすのが困難だったことが、欧州でも不正に手を染める要因になったようだ。欧州での環境規制の強化は今後も続き、それがこの章のメインテーマであるEV化につながっていく。

第1章で触れたように、パリ協定では地球の温度上昇を今世紀末までに2度未満に抑えることを目標にしており、そのためには、2050年までに自動車から排出されるCO_2の量を9割程度減らす必要がある。こうした中期的な目標に向け、欧州では2021年までに、自動車1台当たりのCO_2排出量を95g／㎞に減らす目標を立てている。しかも、この目標はそれで終わりでなく、欧州では、2025年には2021年比15％減の約81g／㎞、2030年には30％減の約67g／㎞に規制を強化することが決まった。この67g／㎞という数字は、2015年の規制に比べてCO_2の排出量をほぼ半減することを求める厳しい水準だ。

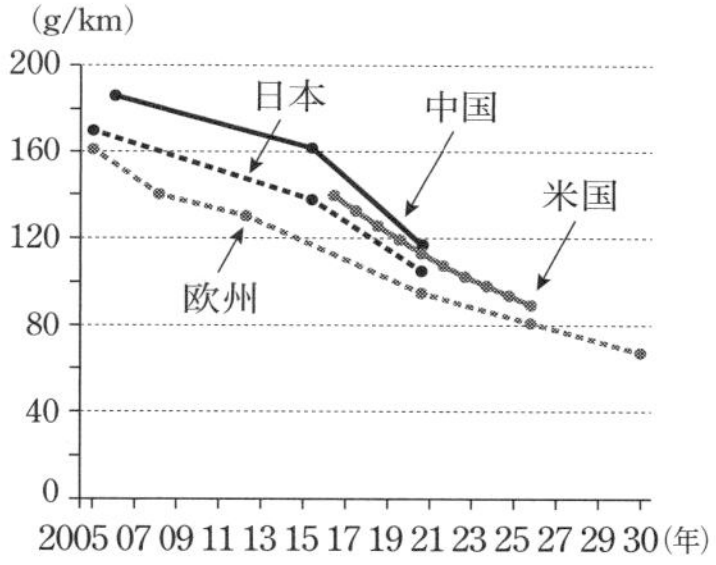

世界で進むCO_2排出量規制の強化(各国の規制値から筆者作成)

この値がどれほど厳しい値か、身近な例で考えてみよう。例えばトヨタ自動車の代表的なHEVであり、軽自動車も含めて日本の乗用車で最も燃費がいいクルマである「プリウス」は、欧州で使われている走行モードでCO_2の排出量を測定すると78g／㎞になる。つまりプリウスであれば2025年規制はクリアできることになる。

しかし、ことはそう単純ではない。欧州の2025年規制値である81g／㎞という値は、企業平均で満たさなければならない数字だ。つまり、欧州の2025年規制は、欧州で販売するすべてのクルマの燃費を平均で最新のプリウス並みにしなければ達成できない。これは極めて厳しい目標だということがお分かりいただけるだろう。しかも2030年規制は、その最新プリウスでもクリアできない数字である。

VWに限らず、欧州の完成車メーカーはこれまで、厳しい環境規制をクリアする技術の中心にディーゼル化を据えてきた。ディーゼルエンジンはガソリンエンジンよりも燃費が2～3割優れるという特徴がある。このため欧州メーカー各社は乗用車のディーゼル比率を上げるために、本来はガソリン車よりもコスト高になるディーゼル車の価格を戦略的にガソリン車に近づけるなどの施策を導入した。消費者もそうしたディーゼル車の特徴を評価することで、欧州の乗用車に占めるディーゼル車の割合は、2000年の3割程度から、2011年には55％を超えるまでに増加した（ACEA（欧州自動車工業会）調べ）。

ところが、2015年の9月にVWのディーゼルゲート事件が明るみに出たことで、ディーゼルに対する消費者の評価が急低下し、最新のデータである2017年の統計を見ると、ディーゼル比率は44・4％とピーク時より10ポイントも低下した。この減少傾向は2017年以降も続いており、調査会社大手のIHSマークイットは、2029年に欧州のディーゼル比率は

3割程度まで低下すると予想している。この理由としては、ディーゼルゲート以外にも、今後ディーゼルエンジンでは排ガス規制の強化が進み、排ガスをクリーン化するために車両価格が上昇すると見込まれていることがある。

このため欧州メーカー各社はディーゼルに代わるCO_2削減技術が必要になった。白羽の矢が立ったのがEVである。EVであれば車両から排出されるCO_2はゼロにできるので、例えば販売台数の2割がEVになれば、単純計算ではメーカー平均の1台当たりのCO_2排出量は2割削減できる。欧州メーカーがこぞってEVに舵を切り始めたのにはこうした背景がある。

EV専用のプラットフォームを開発

2016年秋のパリモーターショーの風景に戻ろう。このショーでVWが公開したEVのコンセプトカー「I.D.」の特徴は、同社がEV専用に開発した新型プラットフォーム「MEB」を採用したことにある。プラットフォームというのは、車体の基本構造やサスペンションなどの足回り、それにエンジンや変速機などのパワートレーンをひとまとめにしたもので、クルマの大半のコストが集中する部分だ。最近のクルマは、このプラットフォームを共通化し、その上にかぶせるボディを変えることで、共通部品を多く使いながらセダン、ミニバン、ハッチバックなどの多様な車種を展開する戦略を採っている。

プラットフォームの開発には多額の費用がかかるし、生産設備にも投資がかさむ。このため他の完成車メーカーでは、ＥＶにも既存のエンジン車と同じプラットフォームを使う場合が多い。わざわざコストをかけてＥＶ専用のプラットフォームを新開発したところに、ＶＷの本気度がうかがえる。

ＶＷは、このコンセプト車をベースとした量産型I.D.を２０２０年に商品化する計画だ。同社はI.D.を、小型ハッチバック車の「ゴルフ」や中型セダンの「パサート」といった主力車種に匹敵する量産モデルとして展開することを目指すとしている。モーターの出力は１２５ｋＷと、ほぼゴルフの量産モデルに匹敵し、航続距離は６００km以上だという。さらに、価格面でも同出力のゴルフ並みを目指すというのだから、野心的な目標としか言いようがない。というのも、現在のＥＶは同クラスのエンジン車に比べて１００万円程度高いのが普通だからだ。

ＭＥＢで非常に興味深い点は、駆動するモーターを車体の後部に置き、後輪を駆動する基本レイアウトを採用したことだ。なぜこれが興味深いかというと、通常のエンジン車では車体の前部にエンジンを置いて、前輪を駆動するいわゆるＦＦ（フロントエンジン・フロントドライブ）のレイアウトを採用する場合が多く、ＥＶもこれに倣ってフロントに駆動モーターを搭載して前輪を駆動する場合が多いからだ。

後輪駆動を採用した理由の一つとしてVWは高いスペース利用効率を挙げている。後輪のモーターは上下に薄く設計されているので、車体後部の荷室の広さは通常のエンジン車と同等に確保されている。その一方で、フロントにはほぼ何もないので、前方ぎりぎりまで車室を伸ばすことができる。この結果、I.D.の全長はゴルフよりも短いにもかかわらず、室内スペースはゴルフの上級車種であるパサートに匹敵するという。

VWはI.D.のシリーズ化を進め、同じプラットフォームを使ってSUV(多目的スポーツ車)やセダン、ミニバンなどに車種を拡大することで、2025年の世界生産に占めるEVの比率を4分の1にするという野心的な目標を掲げている。

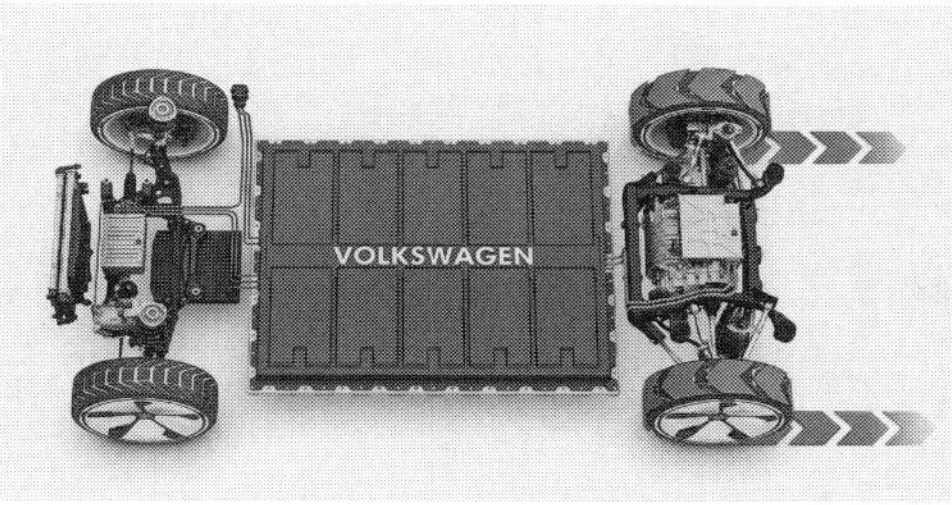

「I.D.」のレイアウト．車室の床下にバッテリーを薄く敷き詰め，左右の後輪の間に搭載したモーターで駆動する（出典：フォルクスワーゲン）

ダイムラーのEVは4輪駆動車

一方、ダイムラーが出展したEVのコンセプト車「Generation EQ」も、やはり新規に開発したEV専用のプラットフォームをベースとしており、前輪と後輪をそれぞれ独立したモーターで駆動する4輪駆動車となっているのが特徴だ。ＶＷのI.D.がコンパクトカーを想定していたのに対して、Generation EQはスポーティなＳＵＶを想定しており、前後のモーターを合わせた出力は３００ｋＷで、航続距離は５００㎞に達するという。

ダイムラーは今後、ＥＱという名称をＥＶのブランド名として展開し、２０２５年までに10車種のＥＶを市場に投入する計画だ。第一弾は今回出展したGeneration EQと同様にＳＵＶとなる予定で、２０１９年の発売を予定し、ＶＷと同様、同じクラスのエンジン車並みの価格にするという。同社は２０２５年までに世界販売台数の15〜25％をＥＶが占めるようにすることを目指している。

新開発のプラットフォームはホイールベースやトレッド（左右の車輪の幅）の自由度が高く、またこれに組み合わせるバッテリーなどの部品の組み合わせも自由な「ビルディング・ブロック・システム」になっており、ＳＵＶ、セダン、クーペ、そのほか多様なモデルが、単一のプラットフォームから作り出せる。また、このプラットフォームは現在のダイムラーの量産車種と同様に、鋼板、アルミニウム合金、炭素繊維を組み合わせた「マルチマテリアル」構造を採用しているという。

外観から見たＥＱの特徴は、フロントグリルが物理的なグリルではなく、ＬＥＤによるバーチャルなグリルになっていることだろう。こういう特徴は量産型のＥＱにも受け継がれそうだ。また、これはすでに量産車でもそうなっているのだが、インストルメントパネルも、１枚の横長の液晶パネルに、速度表示やナビゲーションなど、必要な情報がすべて表示される仕組みになっている。

搭載するリチウムイオンバッテリーは、子会社のACCUMOTIVEが製造するもので、電池容量は70ｋＷｈ以上と、日産自動車のＥＶ「リーフ」の2倍近くある。またダイムラーは、車両だけでなく、家庭で太陽電池で発電した電力を貯蔵するシステムや、電力を非接触で車両に充電する装置なども併せて開発している。同時にダイムラーは、欧州で普及している充電規格の「コンバインド・チャージング・システム」(いわゆるコンボ式)の改良にも取り組んでいて、これが実現すると、１００km走行分の電力を5分で充電できるようになる。

なぜ欧州はＨＥＶ化しないのか

ＥＶに力を入れているのはＶＷやダイムラーといったドイツの完成車メーカーだけではない。フランス・ルノーも、２０１２年に発売したＥＶ「ゾエ(ＺＯＥ)」の航続距離を４００kmに延ばしたタイプをパリモーターショーに出展するとともに、同モーターショーの一般公開が始まった2016年10月1日に受注を開始した。従来のゾエはバッテリー容量が22kWhで、航続距離が240km(NEDC)だったが、400km走行できるタイプは、搭載しているバッテリーの容量を41kWhと2倍近くに増やし、日産のリーフと同程度にした。

やや首をかしげるのは、搭載しているバッテリーが韓国のLGケムという会社製で、リーフが日産とNECの合弁会社であるオートモーティブエナジーサプライ(AESC)製のバッテリーを搭載しているのと異なることだ。その後、AESCは2017年8月に中国民営ファンドのGSRキャピタルに売却された。日産のAESC売却については「電池はEVの心臓。自前で続けた方が良かった」との疑問の声も上がる(2017年8月8日付の日本経済新聞)。実際、トヨタ、ホンダ、三菱自動車などは電池メーカーとの合弁会社で自社用電池を生産する。この日産の判断については、EVのビジネスモデルとも絡めて、のちほど考察してみたいと思う。

ここまで欧州で急速に進むEVへの傾斜について解説してきたが、読者の中には疑問に思う向きがあるかもしれない。確かにCO_2削減のために電動化が必要なことは理解できるが、一方でEVはバッテリーのコストがまだ高く、車両価格は同クラスのエンジン車に比べて100万円以上割高なのが現状だ。しかもEVの普及には、充電設備の数を増やす必要がある。この点、ＨＥＶであればバッテリーの搭載量が少なくて済み、価格上昇は20万〜40万円程度で収まる。充電設備も不要だ。確かにＨＥＶは車両から排出するCO_2の量をゼロにはできないが、システムの構成にもよるものの、15〜30％程度の燃費向上が可能で、そのぶんCO_2の排出削減につながる。なぜ欧州は、ＨＥＶを除外した形でCO_2を削減しようとしているのだろうか。

ルノーのEV「ゾエ」．航続距離を従来の240 km から 400 km に延ばした（筆者撮影）

その理由は、日本のＨＥＶの競争力が高すぎる点にある。１９９７年にトヨタが世界で初めての量産ＨＥＶであるプリウスを発売して以来、日本はＨＥＶの生産台数でも、技術開発でも世界をリードしてきた。もちろん欧米のメーカーも日本に追従してきてはいるものの、日本メーカーが有力な特許を押さえていることもあり、ハイブリッドの技術で欧米メーカーが日本に追いついているとは言い難い。

この点、ＥＶは日本メーカーでも日産自動車がリーフを量産しているだけで、日本メーカーが必ずしも先行しているわけではなく、また構造が単純なため技術のキャッチアップも容易だ。欧州メーカーがＥＶを次世代の環境車と位置づけた裏には、日本メーカーの得意な土俵にのることを避けたいという意図が透けて見える。

中国は世界最大のＥＶ大国

世界の自動車市場におけるＥＶの台頭を語るうえで、触れないわけにいかないもう一つの動きが、中国である。日本にいると気づかないが、じつは中国はここ数年で世界最大のＥＶ大国にのし上がった。その生産・販売台数は桁違いで、２０１７年にはＥＶとＰＨＥＶの販売台数の合計が、実に77・7万台に達した。同じ年の欧州での販売台数はＥＶとＰＨＥＶの合計で27・8万台(ＡＣＥＡ調べ)、米国での販売台数は約20万台(情報サイトのInside EV調べ)で、中国が断トツの世界最大市場である。ちなみに日本国内のＥＶとＰＨＥＶの販売台数の合計は約５万６０００台で、中国の14分の１程度に過ぎない。

中国は世界最大の自動車市場であり、年間の自動車の販売台数は２０１７年で２８８７・９万台(中国汽車工業協会調べ)と、同年の日本の５２３・４万台の５・５倍もある。それにしても、販売台数全体に占めるＥＶ＋ＰＨＥＶの比率は日本が１％程度なのに対して、中国では２・

７％程度と日本の３倍近い。しかも、上海や北京といった都市部での販売台数比率は、ＩＥＡ（国際エネルギー機関）の資料（Global EV Outlook 2017）によれば、２０１６年で７％前後になっている。ＥＶやＰＥＨＶといった先進的な環境車両の販売台数比率が日本よりも大幅に高いということに驚く読者も多いのではないだろうか。

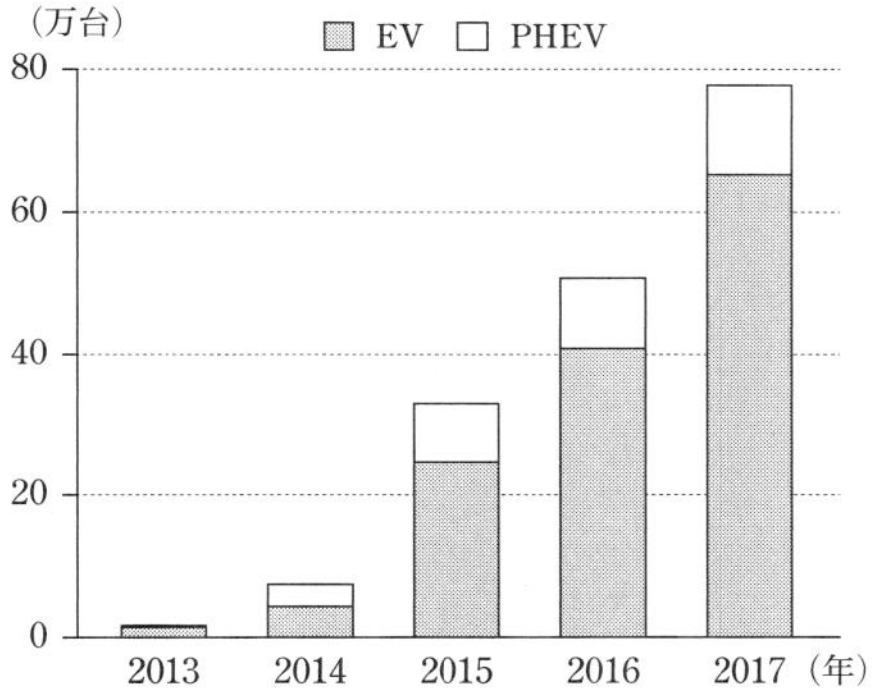

中国では新エネルギー車政策によってEVとPHEVの販売台数が急激に増加している（マークラインズのデータより筆者作成）

中国でこのようにＥＶやＰＨＥＶの販売台数比率が高い理由、特に都市部で高い理由は、中国の中央政府がＥＶやＰＨＥＶ、そしてＦＣＶのような先進的な環境車両を「新エネルギー車（New Energy Vehicle、ＮＥＶ）」と定め、手厚い優遇策を講じているからだ。こうした新エネルギー車の普及を図る大きな理由の一つとして挙げられているのが、とりわけ都市部で問題になっている大気汚染である。

日本でも一時「流行語」のようになったＰＭ２・５と呼ばれる粒子状物質は、都市部周辺の工場と並んで自動車の排ガスが主要な原因の一つとされている。こうした都市部での大気汚染の改善と、渋滞の改善を図るため、北京市をはじめとする中国の主要な都市は自動車のナンバープレートの発行数を制限している。北京市は2011年から新規のナンバープレート発給に抽選制を採用しており、2016年12月に行われた抽選では、個人用の普通乗用車ナンバーの当選確率は783分の1と、わずか0・1277%だった（2017年1月22日付の日経ビジネスオンライン記事）。

一方の上海市は、ナンバーの発給にオークション制度を導入しており、同記事によれば、2017年1月のオークションでは、平均落札価格が約145万円に達したという。ナンバーを取得するのに、クルマを1台買えるほどの費用が必要になる計算だ。

ところが、こうした都市部では、NEV専用のナンバープレートを割り当てたり、オークションなしで無料のナンバープレートを導入することにより、通常は困難な新車の購入がNEVなら可能になる特典を持たせている。また、中国でもEVやPHEVは通常のエンジン車より割高だが、NEVに対しては中央政府および地方政府から多額の補助金を支給することによって、購入を後押ししている。その補助金の額は、EVの場合で航続距離により2万〜4万4000元（1元＝17円換算として34万円〜74万8000円）、PHEVの場合で2万4000元（同40万8000円）に上る（ジェトロの地域・分析レポート「中国で急速に進む新エネルギー車へのシフト」)。

2025年には700万台のNEVを販売へ

こうした措置を講じた結果、NEVの販売台数は2015年以降急速に伸び、それまで世界最大のEV市場だった米国をあっさり抜いて2015年以降は中国が世界最大のEV大国になった。しかし、これはまだ序章に過ぎない。増えたとはいっても、先ほど触れたように中国における新エネルギー車の販売比率はまだ2・7%に過ぎない。中国は2020年にはこの比率を7%、2030年には20%に引き上げるという非常に野心的な目標を掲げている。

これまでは、ナンバープレートの優先的な取得や補助金といった「アメ」によってNEVの普及を促進してきたわけだが、今後は「ムチ」によって普及を促進する方向に政策を変更することが2017年9月に発表された。これは、完成車メーカー各社に、2019年は10%、2020年は12%のNEVの販売を義務付けるというものだ。

注意深い読者は「あれ、さっきは2020年に7%と言っていたのに、ここでは12%と言っている」ということに気づかれたかもしれない。ややこしくて恐縮なのだが、この10%とか12%というのは単純な販売台数比率ではなく、販売台数に占めるクレジットの比率である。例えば、年間に100万台のクルマを販売しているメーカーは、10万クレジットの獲得が必要ということになる。

ではクレジットとは何か、ということになるのだが、このクレジットというのは、計算するための式が決まっていて(ポイント＝航続距離×0・012＋0・8、上限は5ポイント)、航続距離100㎞のEV1台を販売した場合に、ちょうど2ポイントを獲得できる。航続距離が増えるとクレジットも増え、日産のリーフのような航続距離が400㎞のEVでは5ポイントになる。つまり、航続距離100㎞のEVを5台販売した場合と、航続距離400㎞のEVを2台販売した場合で、獲得できるクレジットは同じ10ポイントということになる。

先に挙げた2020年に7％という新エネルギー車の販売比率は、クレジット数ではなく、実質的なNEVの販売比率のことで、2020年には200万台のNEVの販売を目指す。この200万台という数字は、2017年実績を2・5倍以上に増やすということで、かなり野心的な目標だ。しかも2025年には年間700万台、2030年には1000万台のNEVを販売することを目指している。

中国がNEVを推進する狙いは何か

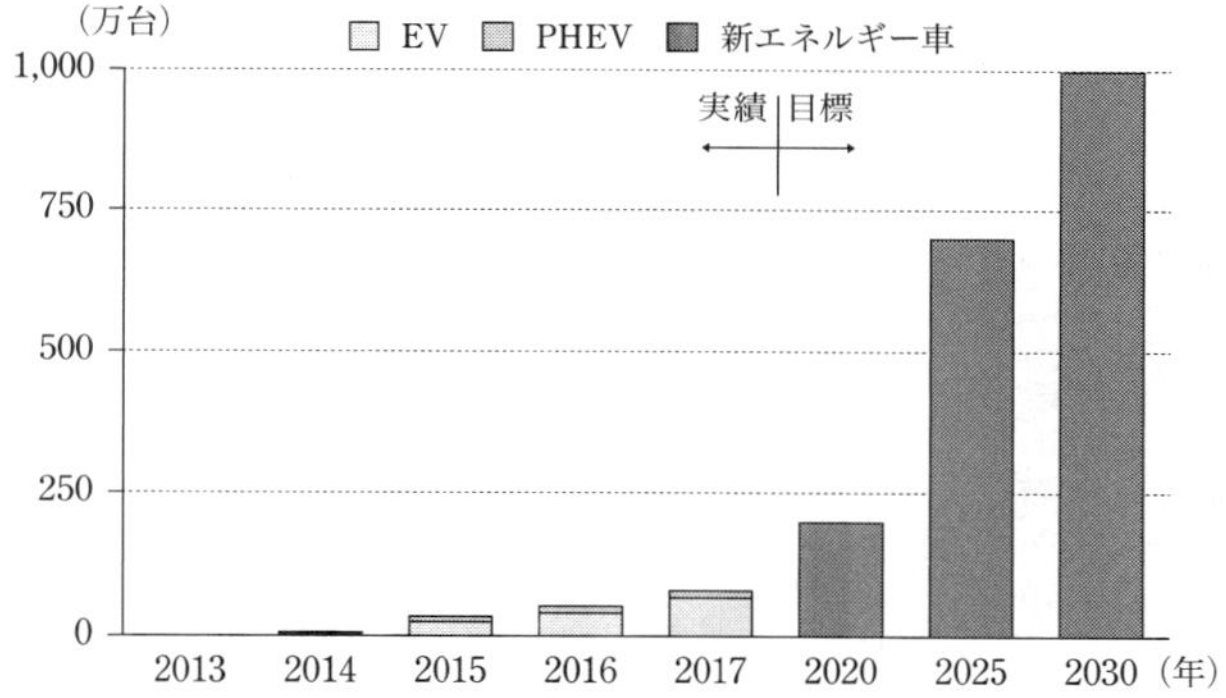

中国は新エネルギー車(NEV)の販売台数を2030年に1000万台にする目標を掲げている(各種資料より筆者作成)

中国がこのように野心的な目標を掲げている狙いは何か。もちろん、先ほど触れたように、中国の都市部で深刻な大気汚染問題を解決するという狙いがあるのは間違いない。しかし、大気汚染の解決という狙いだけなら、そもそも中国の大気汚染では中国の重工業で石炭を多く使用し、そこから発生するばい煙が大きな原因になっている。また、クルマの中でも年式の古いディーゼルトラックなどからの排ガスも、大気汚染の大きな原因だ。単に大気汚染を解決したいのであれば、工場やトラックから排出される有害物質の規制を強化すればいいはずだ。また乗用車についても、一足飛びにEVに行くのではなく、第1章で触れたように、日本ではすでに広く普及しているHEVを中国でも拡大すれば、排ガスの量は減り、クルマに使われる燃料も少なくて済む。

それでも、HEVを拡大する政策を中国が採らない理由は欧州と同じである。HEVの土俵で勝負しても、先行する日本には勝てないと悟っているのだ。そこで、欧州と同様に、日本もまだ量産化から日の浅いEVの土俵であれば日本をはじめ欧米など自動車先進国に勝てる可能性があると踏んでいるのだ。

中国は、2025年までの自動車産業の育成計画として「自動車産業の中長期発展計画」を2017年4月に公表した。この計画では中国自動車市場の規模を「2020年に3000万台、2025年に3500万台に上る」と想定し、現在の中国を「自動車大国」と位置づけたうえでコア技術やブランド力はまだまだ弱いと分析している。そこで、今後10年間かけて技術力を向上させ、「自動車強国」に躍進させるという目標を掲げている。自動車強国になるためのコア技術としてパワートレーン、変速機、カーエレクトロニクスといった従来の技術に加えて、電池、モーターなどの分野で2020年に世界の先端レベルに達するように、世界トップ10の新エネルギー車メーカーを数社育成すると表明している。

確かに中国は市場規模という点では世界最大の自動車市場になったが、技術力・ブランド力といった点では日欧米に劣る。これを、新エネルギー車政策をテコにして技術力・ブランド力でも世界一流の自動車強国へと発展させることを政策目標として掲げているのだ。環境問題解決の手段としてよりも、中国が自動車産業を発展させるためのキーテクノロジーと位置づけて強力な政策を推進し始めたのが、最近ＥＶが急に脚光を浴び始めた二つ目の理由として挙げられる。

米国でもZEVが義務化

世界最大の自動車市場である中国、そして世界第3位の市場である欧州ばかりでなく、世界第2位の自動車市場である米国でもＥＶが注目され始めている。一つは、欧州の環境規制や中国のＮＥＶ規制と同様の、規制の問題である。

米カリフォルニア州は伝統的に、米国で最も先進的な自動車の環境規制を導入することで有名な場所だ。カリフォルニア州は一種の盆地的な地形であるため、人口が急速に増加した１９２０年代から１９６０年代にかけて大気汚染が深刻化し、１９４３年9月には昼間でも薄暗くなるほどの高濃度のスモッグが発生し、呼吸器障がいなどの健康被害が広い範囲で発生した。これに対応するため、１９７０年に成立した大気浄化法の改正法、いわゆるマスキー法は排ガス中の有害物質を10分の１に減らすという非常に厳しい内容で、当時の米国の完成車メーカーが対応に苦しむ中、日本のホンダが「ＣＶＣＣ」という希薄燃焼エンジンを使って最初にクリアし、同社が飛躍するきっかけの一つになった。

それ以来、ロサンゼルスにあるＣＡＲＢは米国の他の地域に先駆けて新たな環境規制を導入してきたのだが、そのカリフォルニア州でいま強化が進んでいるのが「ＺＥＶ（ゼロ・エミッション・ビークル）」規制である。ＺＥＶは文字通り排ガスを出さないクルマのことで、具体的にはＥＶやＦＣＶを指す。ＺＥＶ規制は、カリフォルニア州内で一定の台数以上自動車を販売するメーカーが、その販売台数の一定比率をＺＥＶにしなければならないという規制だ。

ただし従来は、ＥＶやＦＣＶだけで規制をクリアすることは難しいため、ＰＨＥＶ、ＨＥＶ、天然ガス車、排ガスが極めてクリーンなエンジン車などをＺＥＶに組み入れることが許されていた。中国のＮＥＶと同じくクレジット制で（というよりはＮＥＶがＺＥＶ規制のクレジット制を取り入れたのだが）、航続距離の長いＥＶなどは多くのクレジットを獲得できる一方、バッテリー走行距離の短いＰＨＥＶや、排ガスのクリーンなエンジン車などは獲得クレジットが少ない。

このＺＥＶ規制で最近注目されているのが、２０１８年から規制が強化されることだ。一つのポイントが、従来は適用が免除されていた販売量の少ないメーカーも対象に組み入れられたことである。具体的には、２０１７年までは規制対象のメーカーは日産、トヨタ、ホンダ、Ｆ

CA(フィアット・クライスラー・オートモービルズ)、米フォード・モーター、米GM社の6社だったが、2018年からは新たにドイツBMW、ドイツ・ダイムラー、韓国現代自動車、韓国起亜自動車、マツダ、VWも対象になる。

そしてもう一つのポイントが、従来はZEVの対象に含められていたHEVや天然ガス車が対象に含まれなくなり、中国のNEVと同様にEV、PHEV、FCVだけがZEVの対象として認められるようになったことだ。このため中国や欧州ほどではないが、米国でも今後EVやPHEVが増加すると見られている。

デロイトトーマツコンサルティングは、2026年に米国におけるEVの生産台数が68・1万台に達すると予測している。これは同じ年の中国、欧州に次ぐ世界第3位の規模だ。これに対して日本の同じ年の生産台数の予測は22・1万台と、米欧中に対して大きく出遅れることになる。日本の自動車市場は小さいので台数で劣って当然と見る向きもあるかもしれないが、生産台数全体に占める比率でもドイツの9・3%、中国の6・0%、米国の5・8%に対し、日本は2・6%にとどまると見積もられている。

〝日本は技術があるから大丈夫〟なのか？

このように世界でＥＶ化が急速に進むこと、それに対して日本の動きが遅れ気味であることに対しては、いくつかの反論がある。「リチウムイオン電池の製造段階まで遡ってＣＯ$_2$の発生量を考えると、ＥＶはじつはそれほどエコではない」というもの（ＪＢＰＲＥＳＳ「電気自動車はガソリン車を超えるか」２０１７年8月18日）、「欧州のエンジン車禁止の動きは都合の悪いこと（ディーゼル不正事件）から目を反らそうとしている、ある種のプロパガンダだ」というもの（ITmedia「内燃機関の全廃は欧州の責任逃れだ！」２０１７年8月21日）、「トヨタは電池、モーターの技術で遅れているわけではないから大丈夫」というもの（ITmedia「トヨタはＥＶ開発に出遅れたのか？」２０１７年8月28日）などだ。

ＥＶ化に関していえば、中国のＮＥＶ政策に関しても批判的な意見は多い。中国では石炭火力発電の比率が高く（２０１４年で約7割）、走行に電気を使う新エネルギー車の普及は無意味どころか、石炭を燃やす量を間接的に増やすことになり、かえって有害だというのだ。

こういう世界的なＥＶへの潮流に対する批判的な意見を総合すると次のようになる。ＥＶ化は環境面から見て、必ずしもすべての地域における最適解ではない。水力や原子力など、ＣＯ$_2$の排出量が少ない発電の比率が高い地域（カナダ、フランス、ノルウェーなど）ではＥＶ化は意味があるが、火力発電の比率が高い地域（日本、米国、中国など）では、現行のエンジンの効率を極限まで高め、それに適切な電動化システムを組み合わせて効率化を図ることにより、火力発電並み（場合によってはそれ以上）に効率を高めることが当面の現実的な解であり、発電所の脱化石燃料化の進展の度合いに応じて、徐々にＥＶ比率を高めていけばいい――。

こういうシナリオは穏当かつ適切のように思えるのだが、過去の現実を見ると、技術の世代交代は理屈通りには進まないというのが教訓である。筆者が思い出すのは、かつてのブラウン管テレビから液晶テレビへの世代交代である。

１９９０年代初頭に対角10インチの液晶パネルの製造コストが50万円以上もした時代に、ある技術雑誌が「１９９５年には10分の１の５万円に下がる」と予測し、業界関係者が皆「とても無理だ」と思っていたにもかかわらず、結局このコスト目標は、１～２年遅れではあるが達成された。

その後、液晶テレビのコスト低下は関係者の予想を上回るスピードで進み、２００２年ごろに店頭価格が対角１インチ当たり約１万円（15型で15万５０００円）だったものが、その10年後には対角１インチ当たり１０００円程度（32型で約３万２０００円）まで下がった。単位面積当たりの価格では約１００分の１に下がった計算になる。

共通認識が自己実現的に達成される

このように、技術の世界では業界関係者の中である種の共通認識ができ、そこに多くの経営資源が投入されてしまうと、いわば目標が自己実現的に達成されてしまうことがある。半導体の世界では「ムーアの法則」が有名だ。これは、米インテルの創業者の一人であるゴードン・ムーアが唱えた「半導体の集積率は18カ月で2倍になる」という半導体業界の経験則で、最初に唱えられたころはトレンドを表したものに過ぎなかったが、最近では「ムーアの法則を維持する」ことが半導体エンジニアの目標になっていた感がある。

こうした観点からすると「世界がEV化に向かっている」という関係者の認識の共有が自己実現的に「世界の自動車のEV化」を達成するというサイクルに入る可能性がある。例えば大手予測機関の一つであるブルームバーグ・ニュー・エナジー・ファイナンス(BNEF)は2016年の予測で、2040年の世界の自動車販売台数に占めるEVの比率を35%と予測していたのだが、フランス、英国の「エンジン車禁止」の方針を受けて、2017年にはこの予測を2040年に54%へと大幅に上方修正している。

その根拠として挙げられているのは、もちろん各国の政策もあるが、それ以上の要因として大きいのがEVのコスト低下である。2016年現在で273ドル／kWhのリチウムイオン電池のコストが、2025年には109ドル／kWh、2030年には73ドル／kWhに下がり、EVの車両コストが2025年にはガソリン車と同等に下がるとBNEFは予測している。

こうなると環境のためとか、政策のため、という段階を超え、「EVのほうが得だから」という経済原理の観点からEV化が進むようになるだろう。いったん業界の共通認識ができ、「目標の自己実現サイクル」に入ると、そこから先は、もう理屈の世界ではなく、こうしたコスト目標自体が目的化する。そのいい例が、先ほども触れた液晶テレビの歴史である。この歴史から学べることは非常に多い。

あまりにも似ているブラウン管とエンジン

じつはそもそも、ブラウン管テレビから液晶テレビへの移行は、エンジン車からEVへの移行に非常に似ている。ブラウン管テレビの時代には、ガラスでできた大きな真空管であるブラウン管を成形する技術や設備が参入障壁となっていたほか、ブラウン管は大きく重く、運ぶのが大変なため、テレビの組み立て工場の近くでブラウン管を製造するのが理にかなっていた。

このため、テレビメーカーの多くはブラウン管も自社で製造しており、ソニーの「トリニトロン」や日立製作所の「キドカラー」といったブラウン管技術を各社が競った。液晶の大型化が次第に進んできて、「テレビの液晶化」が議論され始めたときに最初に言われたのは「解像度が低く、発色が悪く、応答速度も遅く、テレビには向かない」という否定的な意見だった。実際、初期の液晶テレビは解像度が低く、色合いもブラウン管テレビに比べると大きく見劣りし、しかも動きの速い場面では画像がにじんでしまう代物だった。

薄型ディスプレイの技術そのものも、まだ集約されてはいなかった。現在の液晶テレビの主役は「アクティブマトリックス式」と呼ばれる、画素一つひとつに微細なトランジスタを組み込み、解像度を上げてもコントラスト比が低下しないようにするものだが、2000年代初期においては、まだパネル上のすべての微小トランジスタを欠陥なく造り込むのは難しく、いくつかの画素欠陥は製品不良ではないとメーカーが但し書きを付けるほどだった。

このため、画素一つひとつにトランジスタを付けるのではなく、液晶材料そのものを改良して、パネルを複雑な構造にしなくてもコントラストが確保できる「強誘電性液晶パネル」が提案されたし、色合いの悪さや応答速度の遅さに対しては、ブラウン管で培った蛍光材料の知識が生かせるプラズマディスプレイや、微細なブラウン管を並べたような構造の「FED」、その改良型の「SED」、液晶とプラズマを合体させたような構造の「PALC（プラズマアドレス液晶)」など、様々な平面ディスプレイが提案された。小型ブラウン管の映像をレンズで拡大して表示する「プロジェクションテレビ」に力を入れるメーカーもあった。

個人的な話になって恐縮だが、当時筆者自身が最も期待していたのはキヤノンが研究していたSEDだった。ブラウン管の蛍光体技術がそのまま生かせるSEDの画質は、当時の液晶と比べてはるかに優れていたからだ。しかし結局、世界の平面テレビの趨勢は液晶一本に絞られ、他の多くの方式は駆逐された。

なぜ液晶が勝者になったのか

画質で液晶よりも優れていた様々な方式が、なぜ敗れたのか。それらも技術的な困難を抱えていたこと、液晶に比べてコストが下がらなかったなど様々な要因はあるだろうが、一番の理由は、多くの企業が液晶を選び、そこに多くの投資がなされたことである。それにより部材のコストが下がり、カラーフィルタや液晶材料の進化が進み、色合いの問題や、応答速度の問題は次第に改善されていった。

ではなぜ多くの企業が液晶を選んだのか。その最大の理由は、当時はチャレンジャーだった韓国企業、そしてその後に参入してきた中国企業に「ブラウン管技術の蓄積がなかった」からである。ブラウン管テレビの経験が生かせる技術で勝負すれば、日本企業に負けるのは分かっていた。だから、蓄積がなくても参入しやすい液晶に多くの企業が殺到し、その結果、液晶が勝者となったのである。液晶が最も優れた技術だから勝者になったのではなく〝新規参入企業でも勝てる可能性がある技術〟と認識されたからこそ液晶は勝者になったのだ。

ではブラウン管とエンジンのどこが似ているのか。エンジンもブラウン管と同様に加工設備に多くの投資、ノウハウが必要で、それが一種の参入障壁になっており、また遠くまで運ぶのにはかさばるので、組み立て工場の近くで製造するのが理にかなっている。エンジンの強みが、それぞれの企業の強みとなっている点も共通する。ブラウン管テレビの時代は、ブラウン管の価値がテレビの価値だった。

EVは欠点の多い技術である。HEVやPHEV、FCVなどに比べて、航続距離は短く、充電時間は長く、高速での連続走行に現在のバッテリーは耐えられない。そして、完成車メーカーの立場に立ってみると、エンジン製造の設備の蓄積や雇用、ひいては部品メーカーの雇用を考えれば、エンジン技術と電動化技術を組み合わせたHEVやPHEVによってエンジンを延命したいという気持ちはよく分かる。

しかし、新規参入企業から見ると、HEVやPHEV、あるいは後で説明するFCVは参入障壁が高すぎる技術であり、先行企業に追いつく見込みのない技術である。だからこそ、中国は国家戦略としてＥＶ化を推進し、新規参入企業はＥＶで参入するのだ。こうした企業が増え、そこに資本が投入され、部材の出荷が伸びれば、改良が進み、コストも下がるのは液晶の例で明らかだ。

欠点の多い技術でも、いざそれが主流になってしまうと、不可能を可能にする技術革新が起こる。ＥＶは、過去の技術の蓄積を無にするからこそ選ばれるのである。ＥＶが優れた技術だからではない。しかし、従来技術で高い技術力を誇る企業ほど、新たな技術の足りないところばかりが目に入り、その強みを手放したくないという潜在的意識から、技術の世代交代は遅れる。その顕著な例がソニーだった。

シャープはなぜ追い込まれたのか

トリニトロンという独自のブラウン管技術を持っていたソニーは、自社のブラウン管の画質に絶対の自信を持ち、液晶への移行にはまだ時間がかかると踏んでいた。そして、液晶の「応答速度が遅い」「大型化が難しい」という難点を解消できるという独自のＰＡＬＣの開発に取り組み、商品化にまでこぎつけた。

しかし、ＰＡＬＣの量産や低コスト化に手間取るうちに、ソニーが考えるよりも液晶の普及は早く進み、結果としてソニーは液晶パネルの独自開発に乗り遅れ、韓国サムスン電子と液晶生産の合弁企業「Ｓ－ＬＣＤ」を設立することになる。ソニー独自仕様の液晶パネルの供給を確保するためには合弁を組む必要があると考えたためだ。当時、液晶パネルの自社生産に失敗したソニーは「液晶テレビの負け組」と見なされた。

一方で、いち早く液晶への切り替えに舵を切り、液晶テレビの「勝ち組」と言われたのがシャープである。しかしその後シャープは経営の悪化で２０１６年８月に台湾の鴻海精密工業の傘下に入ることになった。なぜ勝ち組であったはずのシャープがそこまで追い込まれたのか。それは、確かにシャープは技術では勝ったが、ブラウン管から液晶に移行したテレビ事業では、そのビジネスモデルまで大きく変わってしまったことを見誤ったからにほかならない。

ブラウン管時代には、優れたブラウン管技術を持っていることがテレビの価値を決め、ひいては市場で勝ち残る条件だった。この図式が液晶テレビの時代にもそのまま当てはまると考えたシャープは、液晶技術を高めることが競争力の源泉だと考え、巨大投資にのめり込み、しかもその最新パネルを自社のテレビの差別化技術と位置づけ、他社には供給しなかった。

しかし、ブラウン管の時代には通用したこの戦略が、液晶テレビでは裏目に出た。韓国、台湾、中国の企業が続々と液晶生産に参入した結果、液晶の供給能力は急拡大し、それに需要が追いつかず、液晶パネルの急激な値下がりが始まったのである。自社製品向けを中心に液晶パネルを生産していたシャープは、量産規模の拡大に限界があり、また、あわてて他社に売ろうとしても、独自仕様が強すぎて他社の購入しにくい製品になっていた。

量産規模を拡大できないシャープの液晶は次第に価格競争力を失い、液晶テレビ事業は巨額の赤字を積み重ねるようになった。液晶の予想以上の価格下落に翻弄されたのはシャープだけではない。6000億円の巨費を投じて尼崎にプラズマディスプレイの巨大工場を建設したパナソニックも、結局液晶とのコスト競争に敗れ、尼崎の工場は閉鎖に追い込まれた。

ビジネスモデルが変わった

液晶テレビでの技術競争に敗れたかに見えたソニーだが、自社生産に踏み切らなかったおかげで、シャープやパナソニックほどの深手を負うことは免れたのは、怪我の功名といえるかもしれない。しかし、そのソニーとてS-LCDの液晶を半分引き取る契約になっていたため、予想以上の液晶価格の低下に追従できず、結果としてS-LCDから資本を引き揚げ、サムスンとの合弁を解消するに至った。フタを開けてみれば、合弁企業を設立してまで液晶を確保する必要は、どこにもなかったのである。

このように、液晶パネルを誰でも手に入れられる環境になると、まったく新しいタイプのプレーヤーも台頭した。その代表格が、米ＶＩＺＩＯである。同社の名前は日本ではあまり知られていないが、２００２年に設立された自社工場を持たない、いわゆるファブレスのテレビメーカーで、社員５００人程度ながら、世界で７８０万台の液晶テレビを販売し、シェア３・４％を占める。米国市場に限れば18％とサムスン電子に次ぐ2位だ（社員数を除くデータはいずれも２０１５年のもの、ＩＨＳマークイット調べ）。同社は商品企画と販売戦略に特化し、開発・製造は専門企業に委託する一方で、販売チャネルも手間のかからない大手家電量販店に絞るなど、徹底的な経営の効率化を図っているのが特徴だ。

例えば米ウォルマートのウェブサイトでＶＩＺＩＯ製の55型４Ｋ液晶テレビの一番安いものを探すと、３９８ドル（1ドル＝１０６円換算で4万２１８８円、２０１８年３月７日現在）という驚くような低価格で販売されていた。ちなみに国内大手メーカー品で55型の４Ｋ液晶テレビの最も低い価格を探すと、価格.com のサイトでパナソニック製が12万円（同３月７日現在）だったから、じつに3倍近い開きがある。

開発を外部企業に委託したり、基幹部品を外部から購入することで低コスト化する手法は、いわゆる「水平分業」と言われる。しかし、単に水平分業にすれば液晶テレビの世界で勝てるというわけではない。VIZIOのビジネスモデルが成功しているのは、パートナー企業との間で徹底的に情報をガラス張りにすることでリスクと利益をシェアするなど、低コスト化と高品質化を両立するための工夫をビジネスモデルの随所に組み込んでいるからだ。決して「液晶テレビ＝水平分業化」が必勝の法則というわけではない。

現に、サムスン電子は液晶パネルや画像処理半導体の開発から組み立てまでを自社で手がける「垂直統合モデル」で、液晶テレビの世界シェア1位を獲得している。その背景には、液晶パネルの外販で量を稼ぎ、コスト競争力を確保するという戦略と垂直統合モデルを並立させていることがある。つまり、液晶テレビの時代に勝ち抜くには、単にブラウン管を液晶に代えるだけでは十分ではなく、テレビ事業のビジネスモデルそのものも考え直す必要があったのだが、それに気づくのが遅れたことが、日本の家電メーカーの敗因だといえるだろう。この教訓は、EVにもそのまま当てはまるのではないか。

「水平」vs.「垂直」という議論は終わっている

エンジン車からEVの時代になると、自動車は垂直分業の産業から水平分業の世界に変わり、水平分業の不得意な日本は不利な状況に追い込まれる、という話がまことしやかに語られる。日本の強みはすり合わせにあるのだから、すり合わせの要素の少ないEVよりも、すり合わせの要素の多いFCVのほうが日本企業に有利だとも言われる。

しかし、もはや時代は「クルマは垂直統合」「家電・ITは水平分業」というような単純な図式ではない。液晶テレビでも、垂直統合モデルのサムスン電子もあれば、水平分業モデルのVIZIOもある。同様のことは、スマートフォンの世界でもいえる。日本では、ファブレス(自社工場を持たない)という言葉はいささか侮蔑的なニュアンスを含んでいるように感じられるが、それなら、自社で生産ラインを持たない米アップルはファブレス企業の最たるものだろう。しかし誰も、アップルを技術のない会社だとは言わない。

アップルは自社で工場こそ持たないものの、他のスマートフォンメーカーよりも多くの部材を自ら調達し、組み立てを委託する台湾の鴻海精密工業のような企業に供給している。スマートフォンメーカーの中には組み立てを委託する企業に部品調達まで任せる企業も多い。調達を自ら手がけることで手間やコストはかかる。しかしそのほうが部材の最新事情を把握でき、製品の低コスト化や品質向上につながるという考え方だ。つまり、部品を外部から購入する場合の「目利き」機能を重視しているのである。

またアップルは「独自仕様」にこだわることでも有名だ。生産性を無視してデザイン性を追求した「iPhone」の筐体や、外部の企業の技術を使いながらも独自設計した半導体など、「製造」は自ら手がけなくても、「設計」に関しては徹底的にこだわり、その実現のためには、製造委託先の現場に入り込んで、ぎりぎりまで品質を作り込んでいる。当初、iPhoneの筐体を加工するためにアップルは、日本製の工作機械を数百台購入し、鴻海に貸与した。こうした関係を単純に「水平分業」というのは難しい。

一方で、スマートフォンでも世界一のシェアを誇るサムスンは、液晶テレビと同様に開発から製造まで一貫して自社で手がける「垂直統合モデル」だ。つまり、垂直だろうと水平だろうと、「勝てるビジネスモデル」であればどちらでも良いのであり、「勝てるビジネスモデル」を構築できるかどうかが勝負を決めるのである。

この章で、先に日産がNECとの電池合弁会社であるAESCを中国資本のファンドに売却したこと、それに対して「電池はEVの心臓。自前で続けるべき」という意見があることを紹介した。しかし、液晶やスマートフォンの例を見ると、必ずしもそういう意見は当たらないことが分かる。

VIZIOやアップルのように自社で製造設備を持たずに成功しているメーカーもあれば、

サムスンのように垂直統合で成功しているメーカーもある。ＥＶにおける電池を、エンジン車時代のエンジンと同列で考えることは、ブラウン管時代と同じ発想で液晶テレビを考えるのと同じ間違いを犯すことになるだろう。日産の場合、ＥＶの初代リーフの販売が思うように伸びなかったこともあり、ＡＥＳＣの電池製造設備の稼働率は低かった。

ＡＥＳＣを外部のファンドに売却することで、ＡＥＳＣは日産の「ひも付き」ではなくなり、自由に他の自動車メーカーに販売できるようになるから、量産規模の拡大が可能になり、ひいては電池のコストも下がる。日産はそうドライに判断したのだろう。エンジンがクルマの競争力の源泉だった時代と、ＥＶの時代では、経営判断は違ってしかるべきであり、日産はそれを実行したのだ。

トヨタはＦＣＶで勝てるのか

ＥＶについて語るとき、日本メーカーが開発に力を入れているＦＣＶについても触れなければならないだろう。ＦＣＶは第１章でも触れたようにＦＣというある種の発電装置を搭載したＥＶの一種だ。ＦＣは燃料としての水素と、空気中の酸素を反応させ、このときに発生する電力を使ってモーターを駆動する。システムの始動用や、ブレーキ力の回生などのためにバッテリーは搭載しているが、主な電力はFCから取り出す。水素と酸素が反応してもできるのは水だけで、有害な物質やCO_2を発生しないので、EVと同様のゼロ・エミッション車である。

FCVのメリットは先に触れたように航続距離が長いこと、そして燃料補給の時間が短いことの二つだ。例えば量産EVの日産リーフの場合カタログ上の航続距離は400kmだが、トヨタが商品化しているFCVのMIRAIの航続距離は650kmと1・5倍以上長い。またEVの場合、80%充電するのに30分程度かかるが、FCVの場合には「満タン」にするのに3分程度で済む。このように、現在のエンジン車とほぼ同等の使い勝手を実現できるZEVはFCVしかないことから、日本の完成車メーカーは実用化に力を入れているわけだ。

もともとFCVの開発では、ドイツ・ダイムラーが先行していた。1994年に世界で初めてのFCVの試作車「NECAR1」を公開したのである。このときのNECAR1は、ライトバンの車体をベースにしていたが、運転席と助手席より後ろのスペースがすべてFCと水素タンクで占められているような代物だった。

これに対して、トヨタがそのちょうど20年後の2014年12月に発売した世界最初の市販FCVのMIRAIは、FCや水素タンクなどのシステムをすべて床下に収め、人間が乗れるスペースを確保している。こうした小型化に加え、市販車に要求される耐久性や信頼性を確保し、さらに開発当初は1台数億円と言われたコストを引き下げ、税込み723万6000円という高級エンジン車並みの価格を実現したことは大きな成果といえる。FCVの開発競争では、先行していたダイムラーやGMはその後商品化に消極的な姿勢に転じ、商品化という点ではトヨ

ドイツ・ダイムラーが1994年に公開した世界で最初のFCVの試作車「NECAR1」．ライトバンの荷台をすべてFC(燃料電池)システムと水素タンクが占めていた(出典：ダイムラー)

トヨタ自動車が2014年12月に発売した世界最初の市販FCV「MIRAI」(筆者撮影)

タとホンダの日本メーカー2社が突出した存在になっている。

筆者自身は、１９９０年代の終わりからＦＣＶに注目して取材を継続してきており、このまったく新しい技術を商品化にまでこぎつけたエンジニアの努力には心からの敬意を抱いている。しかしそうした気持ちとは別に、ＦＣＶの普及自体には懐疑的だ。

高くて狭くて不便なクルマ

なぜＦＣＶの普及に筆者は懐疑的か。一言でいえば、現状では値段が高くて、室内が狭くて、燃料補給に不便で、しかも必ずしも環境にいいとは言えないクルマだからだ。第1の問題は、水素という燃料が抱えている課題である。石油や天然ガスと異なり、水素は天然に単体で大量に存在するわけではない。必ず、何か別のエネルギーから作り出す必要がある。

現在、最も一般的なのは天然ガスを改質して作る方法だが、この方法だと、天然ガスを水素に改質するプロセスで消費するエネルギーや、水素を圧縮して高圧タンクに充てんし、トレーラーで水素ステーションに運搬するエネルギー、さらに、70ＭＰａ（大気圧の約７００倍）という高圧にしてＦＣＶの水素タンクに充てんするためのエネルギーを考慮すると、天然ガスがもともと持っているエネルギーの4～5割が失われる。このため、燃料の製造・輸送段階まで考慮すると、ＨＥＶやＥＶに比べて、それほど環境性能で優っているとは言えないのだ。

一方、ユーザーから見ると、走行コストの面でもメリットがない。水素は先ほど触れたように製造段階でのエネルギーのロスが大きいため、燃料価格が高いからだ。現在、水素の価格は1㎥当たり１５０円程度で、また水素1㎥当たりのＦＣＶの走行距離は10㎞程度とされている。つまり、ガソリン価格を１５０円／Ｌとして、燃費が10㎞／Ｌのエンジン車と比較すると、同じ走行距離を走ったときの燃料コストはほぼ同等ということになる。これに対して、ＨＥＶは燃料消費量が通常のガソリン車の２分の１から３分の２に減らせるし、ＥＶの電気代も、ガソリン車の４分の１から３分の１で済む。

第2に、水素の貯蔵技術の難しさがある。水素は軽い気体なので、大量に貯蔵するためには非常に高圧にしてタンクに閉じ込める必要がある。このために最新のＦＣＶでは先ほど紹介したように、70ＭＰａという高圧で水素を貯蔵するタンクを使っている。これだけの高圧に耐えるために、高圧水素タンクには炭素繊維強化樹脂（ＣＦＲＰ）が使われており、現在のガソリン車で使っている鋼製や樹脂製の燃料タンクに比べると、大幅に高コストになることは避けられない。

しかも、これだけ高強度の材料を使ったとしても、タンクの形状は、高圧に耐えるために円

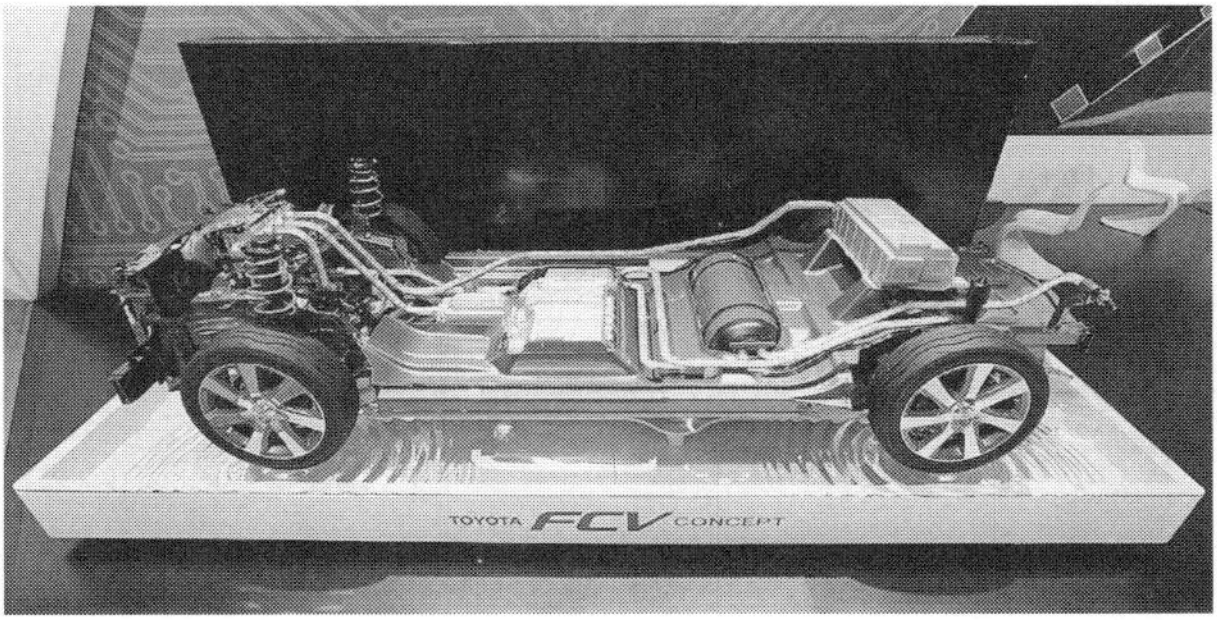

トヨタ「MIRAI」のシャシー．中央の四角い装置が燃料電池，その右の円筒形のものが高圧水素タンクだ（東京モーターショー2013に展示されたコンセプト車のもの，筆者撮影）

筒形状にしなければならず、どうしても室内への出っ張りが大きくなり、そのぶん室内が狭くなってしまう。

第3に、水素の補給インフラの整備の問題がある。水素ステーションは、高圧で水素を蓄える必要があるため、ガソリンスタンドの2倍以上に当たる3〜5億円という設置費用がかかるとされる。政府は水素ステーションの建設費を補助し、2020年度までに160カ所、2025年度までに320カ所に増やすことを計画しているが、日本全国で約3万カ所あるガソリンスタンドに比べれば数は非常に少ない。

ユーザーメリットはどこに

第4に、車両コストがまだ高い。トヨタ自動車はこの6年間に燃料電池のシステムコストを20分の1に引き下げて、今回の700万円程度という価格を実現したとしているが、それでも通常のクルマに比べればまだ高い。経済産業省は2020年代の中ごろに「同車格のHEV同等の価格競争力を有する車両価格の実現」を目指すという目標を掲げているが、FCには貴金属を使った触媒が数十g使われていることや、CFRPを使ったタンクを搭載していることから、HEV並みに下げるのは、実際にはかなり技術的な困難が伴うだろう。

そして最大の問題は、これだけ様々な課題がありながら、実際にFCVを購入したユーザーにはほとんどメリットがないことだ。先ほど見たように燃料代はHEVやEVのほうが割安だし、室内や荷室は狭く、燃料補給は不便で、そのうえ車両価格は高い。ユーザーから見るとFCVは「買う理由のないクルマ」としかいいようがない。これが、筆者がFCVの普及に懐疑的な理由だ。

実際、トヨタの開発担当者もFCVが急速に普及するとは見ていない。2014年のMIRAIの発表記者会見で開発担当者は、2020年代に年間生産台数を数万台規模にしたいと語っていた。世界生産台数がグループで1000万台を超えるトヨタ全体から見れば、今後10年程度を見通してもわずかな規模にとどまると見ているわけだ。

当初はFCV開発をリードしていたダイムラーや、非常に熱心に開発に取り組んでいたGM

も、最近ではＦＣＶに関する発表をあまりしなくなった。それも、ＦＣＶという技術の普及の難しさが次第に明らかになってきたためだろう。それでもトヨタやホンダがＦＣＶを諦める様子はない。

２０１８年2月20日にはトヨタとホンダに日産自動車、ＪＸＴＧエネルギー、出光興産、岩谷産業、東京ガス、東邦ガス、日本エア・リキード、豊田通商、日本政策投資銀行を加えた11社で、ＦＣＶ向け水素ステーションの本格整備を目的とした「日本水素ステーションネットワーク合同会社（ＪＨｙＭ）」を設立した。こうした動きを政府も支援する構えだ。政府は、成長戦略の一環として「水素社会の実現」を掲げており、２０２０年の東京オリンピック・パラリンピックでは水素社会のビジョンを国内外にアピールしたい考えのようだ。

参入しにくい技術は負ける

ＦＣＶの普及を図るこうした動きは、先に紹介したブラウン管テレビから液晶テレビへの移行期を思わせる。そこでも紹介したように、ソニーやパナソニックといったブラウン管テレビで高い競争力を持っていたメーカーは、ブラウン管テレビの画質向上技術が生きるプラズマディスプレイやＦＥＤといった技術に力を入れ、結果として液晶テレビとの競争に敗れて巨額の損失を出すことになった。

国内の完成車メーカーがＦＣＶに力を入れるのは、この分野では技術でリードしており、他社をこの土俵に呼び込めば勝算が高いと踏んでいるからだ。この発想は、ブラウン管テレビの技術が生きる技術で勝負しようとした電機メーカーの発想に似ている。しかし、後発のメーカーから見ればＦＣＶは製造に高度なノウハウが必要で、おいそれと参入できる技術ではない。モーターとバッテリーという汎用的な部品を購入してくれれば製造できるＥＶのほうがはるかに参入は容易だ。

それはあたかも、製造装置さえ購入すれば一定の品質の製品が製造でき、プラズマディスプレイやＦＥＤよりもはるかに参入が容易だった液晶ディスプレイと共通するところがある。繰り返しになるが、液晶が主流になったのは優れた技術だったからではなく、参入しやすく、後発でも追いつきやすい技術だったからだ。この観点からＦＣＶとＥＶを見れば、液晶に近いのは明らかにＥＶのほうである。

では日本の技術を生かしてＦＣＶで巻き返しを図る方法はないのか。これもディスプレイ産業にヒントがある。次世代のディスプレイ技術と位置づけられ、液晶よりもはるかに鮮明で高いコントラスト比を実現できる有機ＥＬディスプレイの存在だ。現在、テレビに使えるほどの大型の有機ＥＬディスプレイは、世界で韓国ＬＧエレクトロニクスしか製造できない。しかし、ＬＧだけで使っていては量産効果が上がらず、コストも下がらない。そこでＬＧは、本来虎の子の技術であり、日本の企業なら自社製品の差別化のために囲い込んでしまいそうな有機ＥＬパネルを積極的に外販している。このパネルを使って、ソニーやパナソニックが有機ＥＬテレビを販売しており、レビュー記事などでは画質的には本家のＬＧをしのぐ評価を得ている。

サムスン電子が液晶テレビを垂直統合モデルで開発・製造しているのと並行して液晶パネルを外販して量産効果によりコスト低減を図っていることは前にも触れたのだが、それと同様に、日本の完成車メーカーも、もし本気でＦＣＶを世界で普及させたければ、競合他社にできるだけ低い価格でＦＣを外販すべきだろう。

日本メーカーがリードしているとはいえ、２０１７年秋のフランクフルトモーターショーではダイムラーが大容量電池を搭載したプラグインＦＣＶのコンセプト車を展示していたし、２０１８年１月のＣＥＳ２０１８では現代自動車が２０１８年中の市販を予定する最新ＦＣＶ「ＮＥＸＯ」を出展した。中国の完成車メーカーもＦＣＶに関心を示しているとされる。まだ世界の完成車メーカーにＦＣＶへの興味が残っているうちに「自社で開発するより安いし高性能」と思わせるＦＣを供給するくらいのことをしなければ、ＦＣＶの普及はおぼつかないだろう。

第3章
ドライバーのいらないクルマはいかにして可能になったか

自動運転車両の実験の様子（出典：ボッシュ）

第2章では「電動化」の最近のトレンドについて解説した。そしてこのトレンドが、自動車産業のビジネスモデルを大きく変える可能性についても指摘した。しかし、この第3章で解説する「自動化」と「コネクテッド化」が自動車産業に与えるインパクトは、電動化よりもさらに大きい可能性がある。それはなぜなのか。まず、自動運転が話題を集めるようになった経緯から説明していこう。

日本で自動運転技術についてにわかに注目が集まるようになったのは、2013年1月のことだった。トヨタ自動車が、自動運転可能な技術を搭載した実験車両を初めて公開したのである。公開の舞台に選んだのは、プロローグでも紹介した米国ラスベガスで開催される世界最大級の家電見本市である「CES」である。このときに公開した車両は、同社の最高級車「レクサスLS」のハイブリッド仕様をベースとしたものだった。屋根の上や車両の周囲に多数のカメラやセンサーを取り付け、自車両の位置や、周囲の物体の位置などを検知する機能を備えたものだ。

この発表時点でトヨタは、この実験車両について「自動運転を目指した車両ではない」と強調していた。その後、筆者が同社の研究開発担当副社長(当時)にインタビューした際にも、同副社長は「人間をサポートするための技術を開発するためで、自動運転を目指しているわけではない」と明言している。

トヨタ自動車が「CES 2013」で公開した自動運転の実験車両(出典：トヨタ自動車)

日産が2020年の実用化を表明

しかし、トヨタの発表以降、自動運転に関する状況は目まぐるしく動いた。トヨタの発表を追って、日産自動車は2013年8月に「2020年までに複数車種で自動運転技術を搭載する」と表明すると同時に、将来の自動運転に向けた実験車両を公開した。日本の完成車メーカーで、自動運転技術を実用化するスケジュールを明らかにしたのは同社が最初である。じつは日産はすでに、トヨタに先立って自動運転の実験車両を2012年10月に公開していた。公開したのは幕張メッセで開催されたエレクトロニクス関連の展示会「CEATEC JAPAN 2012」である。しかしこのときの実験車両の機能は、駐車場の入り口で人間が降りると、駐車場内を自

日産自動車が2013年8月に公開した自動運転の実験車両(出典：日産自動車)

動的に走行し、駐車場所を見つけ、自動的に駐車するという非常に限定的なものだった。その後日産は、２０１３年８月に高速道路や一般道路を走行できる機能を備えた自動運転の実験車両を公開した。

この動きに対応するようにトヨタも大胆な動きを見せた。２０１３年10月に、報道関係者を自動運転車の公道でのデモ走行に同乗させたのである。トヨタが報道関係者を同乗させたのは、アクセル、ブレーキ操作に加えて、ハンドル操作まで自動化した実験車両だ。車線変更をすることはできないが、同一の車線を、先行する車両との距離を保ちながら、カーブに沿って自動走行することができる。レーダーやカメラで、先行する車両との距離や車線を認識するのに加えて、先行車両と無線で通信することにより、前のクルマがブレーキをかけると、自分の車両もまったく同じタイミングでブレーキをかける機能を備えている。その時のデモ走行では、運転席に座るトヨタの説明員が、首都高速道路を手離し走行して、助手席に座る報道関係者を驚かせていた。

　同じタイミングで、これまで自動運転について対外的な発表をしていなかったホンダも自動運転のデモを見せた。東京ビッグサイトの敷地内に設けられた試乗コースで、自動運転の実験車両による報道関係者の同乗取材会を実施したのである。

当初は道路側にも設備

　このように、日本で自動運転が注目されるようになったのは2013年のことだったが、それまで夢の技術と思われていた自動運転が、どうしてこのタイミングで実用化に向けて走り出したのか。少し歴史を振り返ってみよう。

　自動運転技術の開発の歴史は古く、すでに1950年代から1960年代にかけて開発が始まっていた。初期の自動運転技術は、車両単独で実現するのではなく、道路の側にも自動運転のための設備を付け加え、車両と道路が協調することによって自動運転を実現するという考え方が主流だった。

　例えば1950年代から1960年代には、米国、欧州では道路に車両を誘導するためのケーブルを敷設して、ステアリングの操作を自動化する自動運転技術が検討された。ただしこのシステムは、道路に誘導ケーブルを埋設し、交流電流を供給しなければならないことから、公道への展開が難しく、一部の完成車メーカーが、テストコースでの車両実験に使うなどの段階にとどまっていた。

その後、誘導ケーブルではなく、磁気マーカーと呼ばれる永久磁石を道路に埋め込み、これが車両の中央を通るように車両の方向を制御するという方式が検討された。例えば日本では1996年に、まだ一般に使われる前の上信越自動車道の小諸付近で、磁気マーカーを2mおきに道路に埋め込み、11kmの距離を、11台の車両が列になって自動走行する実験が行われた。

この、道路に磁気マーカーを埋め込んで車両を誘導するという考え方は、その後2005年に開催された日本国際博覧会(愛・地球博)で会場内の交通手段の一つとして導入された「IMTS(Intelligent Multimode Transit System)」と呼ばれるバスに使われた。このIMTSは、磁気マーカーを埋め込んだ専用道路を無人・自動で運転し、公道では人間が運転して運行するバスで、自動運転区間として片道約1・6km、人間による運転区間として片道約0・8kmを走行するものだ。

このIMTSは、専用道路での操舵、発進、停止といった自動運転機能のほか、車両同士が通信することによって、3台程度までの車両が列になって自動的に走る「隊列走行」を可能にしていたのが特徴である。ただし、こうした磁気マーカーを使って走る自動運転技術は、当然のことながら磁気マーカーを埋め込んでいない道路を走ることはできず、汎用性に乏しい。

軍用車両の無人化研究が発端に

新しい考え方の自動運転技術の発想はまったく異なる方向からやってきた。それは、米国防総省のDARPA（国防高等研究計画局）が実施した無人車両レース「グランド・チャレンジ」である。砂漠のオフロードを無人車両で走破する競技会で、世界で初めての、無人車両による長距離競技となった。そもそもは、「2015年までに軍事用地上車両の3分の1を無人化する」という国防総省の目標に基づいて実施されたものである。

2004年の第1回グランド・チャレンジは、米国のモハーヴェ砂漠で実施された。しかし、DARPAの期待とは裏腹に、228kmのコースを完走できた車両はなく、最も長く走った米カーネギーメロン大学の車両ですら、11・9kmしか走行できなかった。

そもそも、このレースに出ること自体が難関だった。グランド・チャレンジに出場するための適格審査でも、当初は1台しかパスできなかったほどだという。この適格審査は、カリフォルニア・スピードウェイにわずかな溝や凸凹を付けた1・6kmほどのコースを走るというものだが、完走できたのはカーネギーメロン大学の車両1台だけで、走行距離が50ｍに満たない車両も続出したようだ。結局ＤＡＲＰＡは参加規定を変更し、ほとんどのチームが本番のレースに出場できるようにした。

しかし翌年になると、各チームの車両の性能は著しく向上する。賞金を２００万ドルと前年よりも倍増して実施された２００５年の第2回グランド・チャレンジは、優勝した初出場の米スタンフォード大学をはじめ、２位、３位のカーネギーメロン大学など5台が完走した。１位のスタンフォード大学の完走までの所要時間は6時間53分で、平均時速は約31㎞ということになる。

しかし、実際に軍事用車両が運用される地域には、市街地が含まれる場合が多いため、市街地を無人で走れる車両の開発が次の課題となった。この目的のために実施されたのが２００７年の「アーバン・チャレンジ」である。

アーバン・チャレンジは米カリフォルニア州ビクタービルの空軍基地の跡地に作られた模擬都市で実施された。この施設は市街地作戦の軍事訓練に用いられていた場所で、２回のグランド・チャレンジが、ひたすら砂漠を走っていたのに対して、今回は市街地を想定したルートを交通ルールに従って走行することが各チームに要求された。

市街地での走行を模擬するため、無人で走行する11台の自動運転車だけでなく、人間が運転する車両も併せて走行させたり、歩行者が横断歩道を渡るなど、より現実に近い状況を再現した。自動運転車は、事前に指定されたルートを走行するだけでなく、所定の場所で駐車やUタ

2005年の第2回グランド・チャレンジで優勝した米スタンフォード大学の車両

アーバン・チャレンジの競技の様子．交差点で他の車両の通過を待つ

ーン、通過をしなければならない。さらに、カリフォルニア州の交通規則を守りながら、制限時間内にゴールを目指すことが要求された。

結果は、1位がカーネギーメロン大学、2位がスタンフォード大学、3位が米バージニア工科大学だった。受賞3チームは、一切の交通違反がなく、また1位だったカーネギーメロン大学の平均時速は約23㎞だった。

世界で開発競争が激化

2007年のアーバン・チャレンジの結果を見ると、2004年の第1回グランド・チャレンジからの3年半で、自動運転技術は目覚ましい進歩を遂げたことが分かる。第1回のグランド・チャレンジでは、最も長く走行したカーネギーメロン大学でも12㎞足らずしか走れなかったのに対し、アーバン・チャレンジでは、他の車両も混走する難しいコースを自動運転車両の多くが完走した。

このアーバン・チャレンジが、世界で自動運転技術の開発競争が激化するきっかけとなった。2013年のCESで自動運転の実験車両を公開したトヨタ自動車が自動運転の実験車両の開発に取り組み始めたのは、アーバン・チャレンジの翌年の2008年のことだ。

トヨタだけでなく様々な企業が自動運転技術の開発に取り組み始めた。その代表的な企業が、米国の大手インターネット企業であるグーグルである。グーグルの自動運転技術の開発の基盤となっているのは、アーバン・チャレンジで1位、2位となったカーネギーメロン大学とスタンフォード大学の研究成果である。カーネギーメロン大学やスタンフォード大学でアーバン・チャレンジに挑んだ研究メンバーがグーグルに入り、自動運転技術の開発の中心となった。

そしてグーグルは２０１０年10月に自動運転車を開発中であることを発表した。すでにその時点で14万マイル(約22万５０００km)の実験走行を実施済みであることも併せて発表した。このグーグルの発表に刺激され、世界の完成車メーカー、そしてメガサプライヤーと呼ばれる大手部品メーカーが一斉に自動運転技術の開発に乗り出した。

なぜ自動運転は可能になったのか

かつて、自動運転を実現するには道路に埋め込んだ誘導ケーブルや磁石など、道路側のインフラが不可欠だと考えられてきた。しかし、現在の自動運転技術はこうしたインフラなしに成立している。なぜ可能になったのか。ここからは、現在の自動運転を成立させる技術の概要を解説しよう。

まず自動運転の前提になるのが、現在自分がどこにいるのかという位置情報を正確に知ることだ。このために、多くのメーカーの自動運転の実験車両が使っているのが、ＬｉＤＡＲ《ライダー》と呼ばれるレーザー光線を使ったレーダーだ。ＬｉＤＡＲは、周囲３６０度にレーザー光を照射し、物体に当たって跳ね返ってくるまでの時間を測定することで、車両の周囲のどこに物体があるのか、物体までの距離はどの程度かを把握する能力を備えている。物体の位置だけでなく形状までを数㎝という非常に高い誤差で検知できるのが特徴だ。

このセンサーを使って、グランド・チャレンジの出場車両では「ＳＬＡＭ」という自律型移動ロボットで使っている手法によって現在位置を把握していた。これは、ＬｉＤＡＲによって、周囲３６０度にある物体の形状や物体との距離から立体的な地図（３Ｄデジタル地図）を作りながら走る手法である。ある瞬間に作成した３Ｄデジタル地図と、次の瞬間に作成した地図を比較し、その違いから車両の位置がどれくらい移動したかを推定するというものだ。原理的には、出発点の位置が分かっていれば、そこからどの程度移動したかという推定値を積み重ねていけば、移動後の位置が分かるはずだ。

予め立体地図を用意

ＳＬＡＭは、磁気マーカーや誘導ケーブルのようなインフラなしで自動走行するために最も早くから検討された手法だ。特にグランド・チャレンジのように、地図のない砂漠のようなところを走行するのに適している。ただ、実際の街中で、この手法だけで走行するのは難しい。それは、走行するうちにどんどん誤差が大きくなるからだ。車両は常に動いているので、ＬｉＤＡＲで周囲の３Ｄデジタル地図を作成している間にも車両は移動し続ける。このため、できた地図に誤差が生じるのは避けられない。加えて道路の凹凸などによっても誤差は生じる。こうした誤差は走る距離が長くなるほど蓄積されてしまう。

このため、現在の自動運転車の多くは自己位置を推定する手法としてＳＬＡＭを使っていない。最も多く使われている手法が、事前に作成しておいた正確な３Ｄデジタル地図を、予めシステムに内蔵しておくことだ。この３Ｄデジタル地図のデータと、リアルタイムに走行しながら作成する３Ｄデジタル地図を照合することによって、車両がいま地図上のどの位置を走っているかを推定するという手法である。これなら、事前に正確な地図を作っておけば、かなりの精度で自車両の位置を知ることができる。

しかしこの方法にもいくつかの課題がある。一つは地図の確保だ。この方法は、当然のことだが、３Ｄデジタル地図のないところでは走行できない。したがって、走行する道路の正確な

3Dデジタル地図が必要なのだが、その整備にはコストも時間もかかる。

また3Dデジタル地図のデータサイズはかなり大きいため、例えば日本全国の地図を予め車両に内蔵しておくことは難しく、実際の商業利用では、目的地までのルートを決定すると、そのルートを走行するのに必要な地図データを通信回線によってダウンロードするということになりそうだ。

するとそのためには高速の通信回線が必要で、現在の携帯電話で使われている「4G(第4世代)」通信では速度が足りず、2020年ごろから実用化が始まる次世代通信の「5G(第5世代)」通信が必要だとの指摘もある。

地図フォーマットが国際的に統一されていないことも課題だ。現在は、国内のメーカー同士ですら統一されておらず、様々な地図フォーマットが林立している段階である。国内でもこの状況なのだから、世界全体での地図フォーマットの統一はまだ遠い道のりなのだが、もしバラバラのままだと、各社が個別に地図を整備することになり、非常に効率が悪い。

このため、国際的な標準化の動きも始まっている。2017年3月19日付の日本経済新聞は、日独両政府が次世代自動車の開発や規格策定を巡って、包括的な協力関係を築くことで合意したと伝えた。EVの新たな超急速充電方式や、自動運転に不可欠な3Dデジタル地図の開発で協力する。このうち3Dデジタル地図では、欧州のデジタル地図大手のHEREと、日本のメーカー各社で作る3Dデジタル地図の会社「ダイナミックマップ基盤(DMP)」の提携協議を開始する。日本とドイツによる標準化の作業がうまく進めば、これが世界の標準へと発展する可能性も出てくる。

GPSの高精度化も

LiDARと3Dデジタル地図を組み合わせた手法と並ぶもう一つの自車位置の特定手法が、現在のカーナビゲーションシステムでも使われているGPS(全地球測位システム)を使う方法である。GPSは、人工衛星からの信号を基に、三角測量の原理で現在位置を測定するものだ。地球の上空には、もともと米国が軍事用に打ち上げた約30機のGPS用人工衛星がある。この人工衛星からは、絶えず、自分の位置と時間についての信号が発信されている。原理的には、3機のGPS衛星からの信号を受け取れば、それぞれの衛星の位置と、その信号が発信された時間と、その信号を受け取った時間との差から、自車両と衛星の距離が分かり、自車両の位置を推定できるはずだ。

実際にはそれぞれの衛星に内蔵されている時計や、自車両の時計に誤差があるため、それを

準天頂衛星「みちびき」2・4号機のCG画像
（出典：みちびきウェブサイト）

補正するのに、もう一つの衛星からの信号を使う。つまり現状のGPSシステムでは4機のGPS衛星からの信号を、現在位置の推定に使っている。

しかし、GPSを使う方式も、トンネルの中など、GPS衛星からの信号が届かない場所では使えないという難点がある。また、現状のGPSでは、誤差が10m程度あり、単独での測定精度は十分ではない。このため世界各国で、より精度の高い準天頂衛星を使った次世代のGPSシステムの構築が進んでいる。日本では最初の準天頂衛星である「みちびき」の初号機が2010年に打ち上げられ、2017年10月までに合計4機の打ち上げが成功し、2018年4月から4機体制の運用が始まる。2020年には7機体制になる予定だ。準天頂衛星の運用が始まると、現在10m程度の位置誤差は数cmまで小さくなると言われている。

例えばホンダは自動運転の実験車両の基本的な自車位置の推定はDGPS（位置の分かってい

る基準局が発信するＦＭ放送の電波を利用して、ＧＰＳの計測結果の誤差を修正して精度を高める技術）とジャイロセンサー（車両の方向を検知するセンサー）を使い、これにＬｉＤＡＲを組み合わせて自車位置の推定精度を向上させる方式を採っている。

最適な経路を決定

自車両の位置を把握することに加えて、自動運転を実現するのにもう一つ必要なのが、目的地に向かって最適な走行経路を決定することだ。目的地までの経路自体は、現在のカーナビゲーションシステムでも割り出すことができる。通信機能を備えた、最新のカーナビゲーションシステムでは、渋滞や通行止めなどの情報をリアルタイムで考慮に入れながら時間的に最短の経路を選択できる。システムによっては、燃料消費量が最も少なくて済む経路、景色のきれいな経路などを選ぶことができる機能を備えている。だから、目的地までの経路を選択すること自体は、現在の技術でも難しくない。

問題は、走行する道路上のどこを通るべきかという、より細かい走行経路の決定である。実際の道路上には、路肩に駐車したクルマもあるし、右側の車線で信号待ちをしている車両もある。こうした道路上の障害物を避け、自車両が通れるところを探しながら走行する必要がある。

走行経路を決定するうえで基本となるのが、走行可能な空間を把握することだ。先に紹介したＬｉＤＡＲには、車両の周囲３６０度の立体的な地図を作る機能があることを説明したが、この３Ｄデジタル地図によって、周囲のどこに、どのような形状の物体があるのかが分かる。この測定結果から、車両の進路上で、走行できそうな空間がどこにあるのかを把握する。

そのためには、単に道路やその周辺の形状を知るだけでは足りない。周囲を走行する車両をはじめ、横断歩道を渡る歩行者や路肩に停車した車両、路肩を走る自転車など、道路上にある様々な物体を検知する必要がある。そのために必要になるのが様々なセンサーだ。現在、自動運転車のセンサーで「三種の神器」と呼ばれているのがＬｉＤＡＲに「カメラ」「ミリ波レーダー」を加えた三つである。

このうちカメラは、レンズなどの「光学系」と、レンズを通して外界から入ってきた光を電気信号に変換する「イメージセンサー」の二つの要素から構成されている。私たちが日常的に使っているデジタルカメラやスマートフォン内蔵カメラと同様の機能を備えたものだと考えればいい。

一方のミリ波レーダーは、文字通り波長が1〜10㎜、周波数が30〜３００GHzの「ミリ波」を使うレーダーである。このミリ波を前方に照射し、物体にぶつかって反射してきた信号を、アンテナで受信して、電波を発信してから戻ってくるまでの時間を計ることで、物体との距離を知ることができる。

電波の周波数(波長)には様々なものがある。例えば、携帯電話ではいま、「つながりやすい周波数」として７００〜９００ＭHz帯の「プラチナバンド」が使われているが、これは、この周波数帯の電波に、物体の陰などに回り込みやすい性質があるので、例えば建物の陰でも、電波がよく届くからだ。

一方で、ミリ波レーダーで使っている30〜３００ＧHz帯の電波には、指向性が高いという性質がある。指向性が高いとは、ある方向だけに電波が強く伝わり、そのほかの方向にはあまり電波が広がらない性質である。電波があまり広がらず、物体があるかどうかを知りたい範囲にだけ電波を当てることができるので、どこに物体があるのか、その物体との距離はどの程度なのかを正確に知るには都合がいい。現在、クルマに使われているミリ波レーダーでは、76〜79ＧHzおよび24ＧHz付近の電波が使われている。

そして最後のＬｉＤＡＲは、電波ではなく、赤外線レーザー光を車両の周囲に照射し、その反射光が戻ってくるまでの時間から、物体までの距離を測定する。物体の有無や物体までの距離を測定する原理はミリ波レーダーと同じなのだが、ではなぜミリ波レーダーとＬｉＤＡＲを両方とも装備するのか。

それは、レーザー光の指向性がミリ波レーダーよりもさらに高いので、ビームを小さく絞り込むことが可能だからだ。このため、物体がどこにあるか、物体との距離がどの程度か、ということをミリ波レーダーよりも高い精度で検知することができる。その精度は、ＬｉＤＡＲの設計にもよるが、数㎝と言われている。

これだけ高い精度を備えているので、ＬｉＤＡＲでは物体の有無や物体との距離だけでなく、その形状まで捉えることが可能だ。またミリ波レーダーは電波を使うので、金属のように電波の反射率の高いものはよく捉えられるが、人間や動物は電波の反射率が低いため、精度良く捉えるのが苦手だ。これに対してレーザー光は、歩行者など金属製でない物体も精度良く検知することができる。

すでにカメラやミリ波レーダーは多くの量産車に搭載されており、性能・コストともかなりこなれてきている。これに対して自動運転車に搭載できるような機能を備えたＬｉＤＡＲはまだコストが高く、量産車に搭載された実績はない。

完成車メーカー各社が自動運転の実験車両に使用しているのは、米ベロダインという企業のＬｉＤＡＲである。これはレーザー発信器を取り付けたヘッドを回転させ、車両の周囲３６０

度をスキャンして物体からの反射光を検知し、周囲の物体との距離や形状を把握するものだ。しかしこのＬｉＤＡＲは価格が数十万〜数百万円と、とても市販車には使えない。

じつは、高速道路の自動運転だけなら、ＬｉＤＡＲは必ずしも必須ではない。例えばスバルは、２０２０年に高速道路・複数車線での自動運転技術を実用化することを表明しているが、「お客様のお求めやすい価格で商品化する」(同社)との方針から、人間の眼のように二つのカメラを並べた「ステレオカメラ」と、低コストのミリ波レーダーをクルマの四隅に取り付けるだけの簡素な構成にする方針だ。これなら、コストはそれほど上昇しないで済む。

一般道路での自動運転をにらむ

しかし、高速道路での自動運転の先にある一般道路での自動運転をにらむと、ＬｉＤＡＲは二つの意味で必須になると見られている。

一つは、現在位置を知るためだ。高速道路中心の自動運転なら、現在位置はＧＰＳをベースに把握することが可能だ。ＧＰＳによる位置検出には10ｍ程度の誤差があるが、高速道路の走行中なら、前後方向の10ｍ程度の誤差はあまり問題にならない。また左右方向の誤差は、車線をカメラで認識することで修正できる。トンネル内でも、車線をカメラで認識していれば走行を続けることは可能だ。

ところが一般道路では、現在位置の把握が格段に難しくなる。一般道路では車線が消えかかっているところや、交差点のように途切れているところもあり、車線だけを頼りに横方向の位置精度を修正することはできない。また前後方向についても、10m も位置誤差があったら、右左折の位置が大きくずれてしまう。さらに言えば一般道路では、建物の陰に隠れて、GPS信号を受信できないような状況も増える。

このため一般道路を自動走行するためには、先に触れたように建物やガードレールといった道路周囲の物体の形状まで織り込んだ3Dデジタル地図データと、LiDARで捉えた周辺の物体の形状を照らし合わせながら自車位置を割り出すことがどうしても必要だ。

そしてLiDARが必須なもう一つの理由が、周囲の物体との正確な距離測定である。一般道路では、狭い場所の通りぬけなど、周囲の物体との距離を正確に測りながら走行する状況が頻繁にある。そのためには数㎝単位で周囲の物体との距離を測定できる車載センサーが必要だが、現状のカメラやレーダーでは、これだけの精度を実現するのは難しい。近距離の物体を精度良く捉えるセンサーとしては超音波センサーがあるが、これは測定可能な距離が5m程度と短く、自動運転用センサーとしては能力が足りない。

自車位置の特定という意味でも、周囲の障害物との距離を正確に測るという意味でも、一般道路での自動走行にはＬｉＤＡＲが不可欠なのである。しかし、先ほど説明したように、量産車に搭載できるレベルのコストと、自動運転を可能にする性能を両立させたＬｉＤＡＲはまだ存在しない。このため、大手部品メーカーや電機メーカー、ベンチャー企業が入り乱れて低コストで高性能のＬｉＤＡＲ開発でしのぎを削っているところだ。

もっとも、ＬｉＤＡＲを搭載すれば、その他のセンサーが不要になるということでもない。ＬｉＤＡＲが検知できる範囲は、通常１００ｍ以内で、それ以上遠くはレーザー光が減衰するため難しい。また、雨や雪など、悪天候になると検知範囲はさらに狭くなる。しかし、高速道路などを走行する場合には２００ｍ以上遠くの物体を検知する必要があり、ミリ波レーダーも必須だ。

一方で、ミリ波レーダーは物体との距離は把握できても、その物体の正確な位置や形状は分からない。ＬｉＤ

LiDAR開発ベンチャーのイスラエル Innoviz Technologies の LiDAR（筆者撮影）

合計21個のセンサーを搭載した日産の自動運転の実験車両(出典：日産自動車)

ARならその物体の位置や形状は分かるが、その物体が何なのかを把握するのは難しい。例えば自動運転では、標識や道路表示を読み取って、一時停止したり、制限速度で走行したりすることが必要だ。このため、周囲の物体が何なのかを知るためにはカメラの搭載も不可欠だ。

それでは、一般道路での自動運転を実現するのにどれだけの数のセンサーが必要になるのか。メーカーや予測機関によって違いがあるので一概には言えないのだが、例えば日産自動車が市街地での自動運転の実験車両に搭載しているセンサーは、12個のカメラ、4個のLiDAR、5個のミリ波レーダーと、合計21個にも上る。

頭脳の進化も必要

こうしたセンサーは、人間でいえば眼や耳に当たる。もちろんこうした部分の進化は必要だが、それだけで自動運転ができるわけではない。カメラやレーダーは、単に外界の情報をそのまま捉えるだけである。そうした情報の意味を解釈し、その結果どのように走行するのかを決定するためには、人間の頭脳に当たる部分が必要だ。このために自動運転車には、高性能のコンピューターが搭載されている。

自動運転車に搭載されているコンピューターの役割は大きく分けて二つある。一つは、センサーからの情報を基に、外界の状況を正しく認識すること。そしてもう一つが、認識した外界の情報を基に、どのように走るべきかを正しく判断することだ。ここで難しいのが、クルマの周囲にある物体が何なのかを正しく見極めること、そしてもう一つが、そうした状況が今後どう変化するのかを予測しながら正しい判断をすることだ。

例えば動く物体を歩行者だと認識するのに、現在実用化されている自動ブレーキなどの運転支援システムでは、主に「パターンマッチング」という手法が用いられている。これは、人間を認識する場合であれば、人間の形状の特徴を「辞書」としてシステムに内蔵しておき、カメラが捉えた画像をこの辞書と照らし合わせ、共通するかどうかで人間かどうかを判断するという手法だ。

もちろん、実際のカメラで撮影した画像と「辞書」に登録された内容が完全に一致することはありえないから、どの程度の誤差を許容するかも併せて決めておく。それでも、歩いている人、走っている人、カバンを持っている人など、同じ歩行者といっても実際の形状は千差万別だから、「辞書」には何百、何千という歩行者の形状のパターンが記憶されている。歩行者かどうかを判別するとき、運転支援システムの内部では、いまカメラに写っている画像が歩行者かどうかを判別するために、瞬時に多数の照合作業が行われているわけだ。同様の作業は、車両を認識したり、自転車を認識する場合でも行われている。

しかしこうしたパターンマッチングの手法は、認識率（正しく認識できる比率）の向上という点で限界があった。この従来の手法の限界を超えて高い認識率を実現できる技術として注目されているのが「ディープラーニング」と呼ばれる手法だ。

ディープラーニングは、脳の神経細胞であるニューロン細胞のネットワークを模したニューラル・ネットワークを3層以上重ねた「ディープ・ニューラル・ネットワーク（DNN）」をコンピューターの中に作り込み、このDNNに大量の画像データを読み込ませ、何が歩行者で、何が車両か、などを学習させる手法だ。

ディープラーニングが従来の手法に比べて画期的なのは高い認識率を実現できる点だ。

2012年の「ILSVRC（ImageNet Large Scale Visual Recognition Challenge）」という大規模画

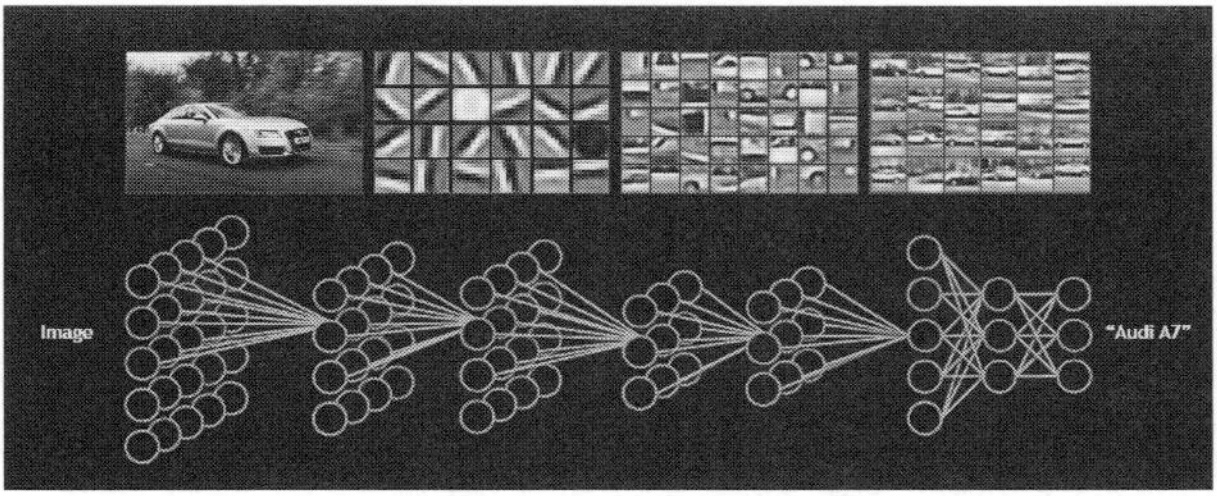

ディープラーニングの模式図．ニューラル・ネットワークを何層にも積み重ね，対象となる画像を細かい要素に分解することで，高い認識率を実現する（出典：エヌビディア）

像認識技術のコンテストで、ディープラーニングを用いた画像認識技術が、2位以下に圧倒的な差をつけて認識率で1位となったのが、ディープラーニングが注目されるきっかけとなった。

しかしこれまで、ディープラーニングを自動運転車に搭載するのは現実的ではなかった。というのも少し前までDNNの実現には高性能のサーバを何十〜何百台も接続して大規模なネットワークを構築する必要があったからだ。このため、車両1台1台にDNNを実装するのは難しいと考えられてきた。

最近になって半導体素子の性能向上が進み、自動運転の実現に必要な程度の能力を備えたDNNを、車両に搭載可能な大きさ、消費電力の半導体で実現できる見通しがついてきたことも、自動運転の実用化が現実味を帯びてきた一つの要因である。自動運転を実現する半導体としては、GPU（グラフィックス・プロセシング・ユニット）やＦＰＧＡ（フィールド・プログラマブル・グリッド・アレイ）、ＡＳＳＰ（アプリケーション・スペシフィック・スタンダード・プロダクト）など様々な候補があり、どんな半導体が主流になるか、その帰趨《きすう》はまだ見えていない。

自動運転の五つのレベル

ここまでの説明で「自動運転」という言葉をあまり説明もせずに使ってきたが、じつは一口に自動運転といっても、そこにはいくつかの段階があり、最も一般的なレベル分けはＮＨＴＳＡ（米運輸省道路交通安全局）の次のような定義だ。

レベル１（部分的な自動化）：自動ブレーキ、車線維持支援機能など、単独の運転支援機能を搭載。

レベル２（複合機能の搭載）：自動ブレーキ、車線維持支援、ハンドル操作の自動化など、複数の機能を組み合わせて、例えば高速道路で同じ車線を走り続けるなど、限定した条件の自動運転を実現する段階。人間は常にシステムの動作状況を監視する必要がある。

レベル３（条件付き自動化）：人間の監視・運転操作は不要だが、システムが機能限界に達した場合には、人間に運転を移譲する段階。

レベル4（完全な自動化）：人間の監視・操作が不要で、最終的な安全確認も機械に任せている段階。

この四つのレベル分けがこれまではポピュラーだったのだが、最近は1段階多い5段階で自動運転のレベル分けをすることが多くなってきた。このレベル5は、従来のレベル4を二つに分けたもので、SAE（自動車技術会）インターナショナルという自動車技術の国際団体が定めたものだ。

SAEのレベル分けによれば、NHTSAのレベル4（完全自動運転）は、レベル4の「高度な自動化」とレベル5の「完全な自動化」の二つに分けられる。レベル4が「いくつかの走行モード」で完全自動走行が可能であるのに対して、レベル5は「すべての走行モード」で完全自動走行が可能であるというのが違いだ。

ここでいう「走行モード」とは、例えば「横浜市中区内だけ」とか、「時速30km以下」といったものだ。つまり、SAEのレベル4は、状況を限った〝完全〟自動運転ということなのだ。狭い路地裏から、田んぼの中のあぜ道、アフリカの砂漠、アマゾンの密林地帯など、人間が

ハンドル操作と加速／減速の実行主体	走行環境のモニタリング	運転操作のバックアップ主体	システム能力（運転モード）
ドライバー（人間）	ドライバー（人間）	ドライバー（人間）	
ドライバー（人間）＋システム	ドライバー（人間）	ドライバー（人間）	いくつかの運転モード
システム	ドライバー（人間）	ドライバー（人間）	いくつかの運転モード
システム	システム	ドライバー（人間）	いくつかの運転モード
システム	システム	システム	いくつかの運転モード
システム	システム	システム	すべての運転モード

省道路交通安全局）の定義が主流だったが，最近はSAE（自動車技
が多くなっている（出典：国土交通省）

行けるような道路のほぼすべてで、完全な自動運転を実現するのは実際には困難である。当初の完全自動運転は何らかの制約条件を付けたレベル4でスタートして、その適用範囲をだんだん広げていくというのが現実的だろう。

現在はレベル2

SAEの五つのレベルでいえば現在の自動運転の実用化段階は、レベル2でも最初の段階である、高速道路の単一車線に限定された自動運転である。具体

NHTSA レベル	SAE レベル	SAE における呼称	SAEにおける定義
	ドライバーが自ら運転環境をモニタリング		
0	0	手動	ドライバーが，常時，すべての運転操作を行う．
1	1	補助	運転支援システムが走行環境に応じたハンドル操作，あるいは，加減速のいずれかを行うとともに，システムが補助をしていない部分の運転操作をドライバーが行う．
2	2	部分的な自動化	運転支援システムが走行環境に応じたハンドル操作と加減速を行うとともに，システムが補助をしていない部分の運転操作をドライバーが行う．
	自動化された運転システムが運転環境をモニタリング		
3	3	条件付き自動化	システムからの運転操作切り替え要請にドライバーは適切に応じるという条件のもと，特定の運転モードにおいて自動化された運転システムが車両の運転操作を行う．
4	4	高度な自動化	システムからの運転操作切り替え要請にドライバーが適切に応じなかった場合でも，特定の運転モードにおいて自動化された運転システムが車両の運転操作を行う．
	5	完全自動化	ドライバーでも対応可能ないかなる道路や走行環境条件のもとでも，自動化された運転システムが，常時，車両の運転操作を行う．

自動運転のレベル．従来はレベル0〜4に分けたNHTSA(米運輸
術会)インターナショナルの定めたレベル0〜5の分類を使うこと

的には、料金所を過ぎ、高速道路の本線に合流したところでスイッチを入れて、手動の運転から、自動運転に切り替え、目的地に近づいたらシステムを解除して、手動でインターチェンジから高速道路を降りるというものだ。

　このレベル2の自動運転は、国内メーカーでは日産自動車の「プロパイロット1・0」や、スバルの「アイサイト・ツーリングアシスト」で実用化されているほか、同様の機能を備えたシステムを、ドイツ・ダイムラー、

米テスラ、ドイツ・アウディなどが製品化している。ただし、現状のレベル2は、ドライバーが過度にシステムに依存するのを防ぐために、ステアリングから一定時間(プロパイロットの場合には10秒程度)以上手を離していると、自動運転モードを解除するように設定されている。自動運転というよりも、運転支援システムに近い位置づけだ。

レベル4が2019年に実用化?

常時ドライバーの監視が必要な「レベル2」に対し、その先の常時監視が不要な「レベル3」や、人間による監視がまったく不要な「レベル4」の実用化も視野に入ってきている。

アウディは2017年秋に全面改良した最高級車の「A8」に「レベル3」の自動運転機能を搭載すると発表した。市販車にレベル3の自動運転機能を搭載するのは世界で初めてになる。

A8が搭載するのは、高速道路の交通渋滞時(時速60km以下)にレベル3の自動運転が可能な機能。現在の法規では、たとえ常時監視が不要なレベル3の機能を備えていても、運転者が新聞を呼んだり、コーヒーを飲んだりといった、運転以外の作業、いわゆる「セカンドタスク」をすることは許されていない。

ただしアウディによれば、車載ディスプレイなど、クルマの機能に統合された端末でメールを読んだりする場合は、前方から視線を外しても問題ないという方向で米国、欧州の当局とは既に合意しているという。ただし、2018年3月現在では、欧米とも当局による審査が続いており、実際に公道上でレベル3の機能を使うことはまだできない。

アウディがレベル3の自動運転機能を搭載する新型「A8」(出典：アウディ)

レベル3の自動運転では、機械では対処できないような状況になったときに、人間に運転を戻すことになっている。この機械から人間への運転の移譲には危険がつきまとうという指摘が多い。禁止されてはいるものの、人間が居眠りをしていたり、スマートフォンを見ているなど、運転を代われる状況にないことが考えられるからだ。

これに対して、アウディが実用化するレベル3は、メールを読むといった運転とは関係ない作業をしていても、クルマの機能に統合された端末で読んでいるので、手動運転が必要になる緊急時には、映像を切り替えて、スムーズに移行できるように配慮している。

その先のレベル4の自動運転についても、実用化を表明

Waymoは米アリゾナ州フェニックスで，レベル4の自動運転車を使った公道実験を始めた（出典：Waymo）

する企業が出始めた。まず米フォード・モーターやドイツBMW、スウェーデン・ボルボなどが相次いで2021年ごろの商用化を表明し始めた。これらの企業が2021年の商用化を目指しているのは、いずれも個人所有向けではなく、ライドシェアリング向けの完全自動運転車である。

　ところが、ここに来てレベル4の実用化がさらに早まる見通しとなった。米グーグルの関連会社で自動運転の事業化を目指すWaymoは2017年11月から、米アリゾナ州フェニックスで、レベル4の公道実験を始めた。これは、運転席にドライバーが座っていない自動運転車両を公道上で走らせるもので、後部座席には地域で募集した一般消費者を乗せている。後部座席にはWaymoの社員も同乗するが、ドライバーが運転席に座っていない自動運転車の公道実験は初めてだ。Waymoは2018年内に、レベル4の自動運転車を使ったライドシェアリングサービスを開始したい意向である。

グーグルに負けじと、米ＧＭは２０１９年からレベル４の自動運転車「クルーズＡＶ」の生産を始めると発表した。他社と同様に、個人向けではなく、ライドシェアリングサービス向けと見られている。クルーズＡＶが特徴的なのは、はじめから運転席にハンドルもブレーキペダルも、アクセルペダルもないこと。グーグルの実験車両はＦＣＡ（フィアット・クライスラー・オートモービルズ）のミニバン「パシフィカ」を改造したものなので、運転席にはハンドルもブレーキやアクセルのペダルも付いている。クルーズＡＶが公道上を走り始めれば、ハンドルのないクルマが公道を走る最初の例になるはずだ。

　国内でもレベル４の実験が始まっている。愛知県は２０１７年12月に、日本で初めて公道でレベル４の自動運転車で実証実験を実施した。同県幸田町《こうたちょう》内にある町民会館の周辺約７００ｍを周回した程度で、まだ実験の規模は小さい。実験主体も完成車メーカーではなく、愛知県のほか、地図作成を手がけるアイサンテクノロジー、

米 GM が 2019 年から生産を始める計画の「クルーズ AV」の運転席．ハンドルもブレーキやアクセルのペダルもない（出典：GM）

大学発自動運転ベンチャーのティアフォーなどである。

２０２０年前後に実用化されるレベル４の完全自動運転は、運転の範囲を特定のエリア、特定の道路に限定し、走行速度にも一定の制限を加えた形で実用化されると見られる。車両の種類について、これらの企業は公表していないが、個人所有を想定していないことから、最初の商業化は小型バスのような車両になる可能性が高い。

このように、２０２０年代初頭に向けて、自動運転技術の開発は一段と加速する。一方で、自動運転技術の開発には多額の開発費用と多くの開発人員を必要とするため、すべての完成車メーカーが自社で手がけるのは難しい。このため、大手自動車部品メーカーは、自動運転向けのセンサーやＥＣＵ（電子制御ユニット）だけでなく、自動運転システムを丸ごと完成車メーカーに供給できるように開発を進めている。

ドイツのボッシュやコンチネンタルといった大手部品メーカーはもちろんのこと、例えばスウェーデンの大手部品メーカーであるオートリブは、ボルボと共同で自動運転システムを開発し、２０２１年から世界の完成車メーカーに向けて販売することを目指している。

法改正の動きも加速

これまで、完全自動運転の実用化は、高速道路でも2025年以降と考えられてきたが、これは自家用車を前提とした予測であり、運用のエリアを限定したライドシェアリングサービス向けの実用化は、それを5年程度前倒しするペースで始まりそうだ。

一般消費者に販売する自家用車では、走行する地域や環境は千差万別であり、そうした様々な状況でも完全自動運転を実現するのは非常に困難だ。例えば住宅から伸びた木の枝が道路の上にかかっていて走行が困難な場合、人間の運転するクルマなら、対向車線にはみ出してもそこを避けて通っていくが、完全自動運転車だと、交通法規を厳密に守るため、対抗車線にはみ出すことができず、立ち往生してしまうかもしれない。また、時間帯によって、西日で信号が見にくい場合に、やはり立ち往生してしまう可能性もある。さらに、雪で視界が悪くなったり、道路の車線が見にくくなった場合でも、やはり走行は困難だ。

これに対して、地域や走行ルートが限定されたレベル4の自動運転なら、自動運転車の走行ルートを定期的に点検して、走行が困難な場所がないかどうかを確認することができるし、天候が悪いときには、運行サービスを休止することもできる。自動運転のハードルが大幅に下がるわけだ。

限定的な自動運転の実用化を後押ししているのが関連法の急ピッチな整備である。2016

年4月、完全自動運転の実現に向けて、世界が大きく動き出す「事件」が起こった。「運転手のいないクルマ」が公道を走ることを認めるという国際的な決定がなされたのだ。

現行の国際道路交通条約下では、運転者のいないクルマの公道走行を禁じており、このことが完全自動運転車の公道での実験の障害となってきた。ところが国際道路交通条約の改正などを協議している国連欧州経済委員会(UNECE)は、「遠隔制御」を条件に無人運転車の公道実証実験を認めるという画期的な決定をしたのだ。

これまでレベル4の完全自動運転車を実現するには、ドライバーの乗車を前提としている現行条約の改正が不可欠と見なされてきたが、その改定を待たず、「遠隔制御」という条件は付くものの、ドライバーが運転席にいないクルマの公道走行が認められたわけだ。遠隔制御をする監視者が複数のクルマを同時に監視してもいいのか?など運用の条件はそれぞれの国に任されることになっており、世界各国は完全自動運転技術の実用化に向けていっせいに走り出した。

国家戦略でも2020年の無人自動走行サービスを目指す

これを受け、国内では2017年5月30日に決定された「官民ITS構想・ロードマップ2017」(高度情報通信ネットワーク社会推進戦略本部)に基づき、2020年の東京オリンピック・パラリンピックまでに、無人自動走行による移動サービスや高速道路での自動走行が可能となるよう、自動運転車両・システムの特定と安全基準のあり方、交通ルール等のあり方、自賠責保険を含む責任関係の明確化など、高度自動運転の実現のための制度整備に関わる政府全体としての方針を、2017年度中をメドに「高度自動運転実現に向けた政府全体の制度整備に係る方針(大綱)」としてまとめる方針だ。

このロードマップを見れば分かるように、今後自動運転車の実用化は、いくつかの系統に分かれて進むと見られる。一つは、バスや乗り合いタクシーなど、公共性の強い交通機関における自動運転技術の導入で、BMWやフォードが2021年の実用化を目指すライドシェアリングでの自動運転はこれに当たる。そしてもう一つが、自家用車への自動運転技術の導入である。

先に挙げた遠隔制御による自動走行は、ライドシェアリングでの完全自動運転の前段階と位置づけられる。2017年から公道での実証実験が始まったレベル4の自動運転では遠隔制御も実施しており、2020年に商業サービスを実現することを目指している。具体的には、第4章でみるようにトヨタ自動車が2020年の東京オリンピック・パラリンピックの開催をにらみ、会場となるお台場地区などで、無人バスを選手や観客の輸送などに使うことを目指している。これと並行して、過疎化・高齢化が進む地域での乗り合いバスや乗り合いタクシーに遠

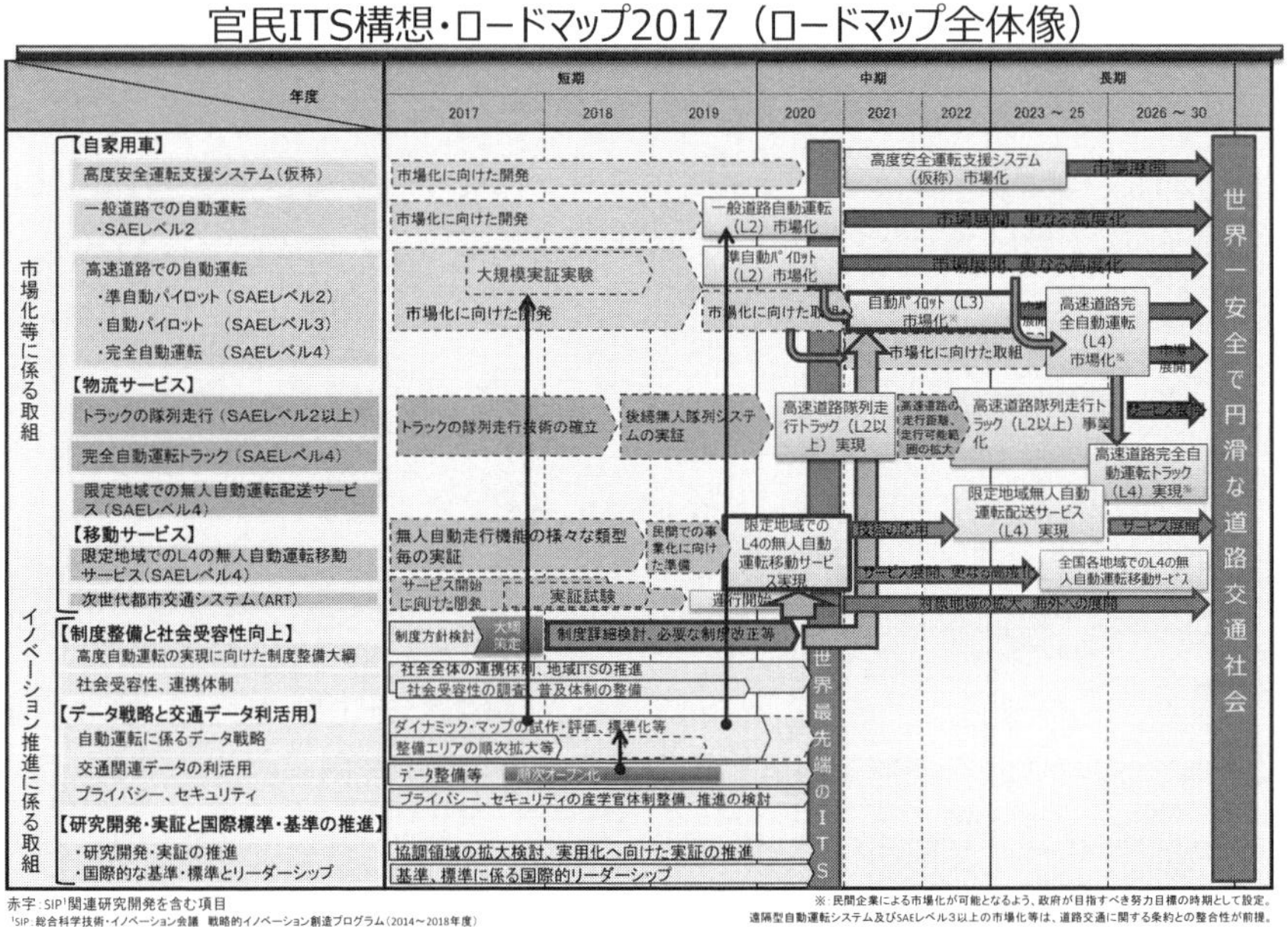

「官民ITS構想・ロードマップ2017」に示された自動運転実用化のロードマップ(出典：高度情報通信ネットワーク社会推進戦略本部)

隔制御による無人走行移動サービスを導入することも考えられる。
さらに、公園や遊園地、ショッピングセンターなど公道外では、遠隔制御なしの無人車両による移動サービスも始まるだろう。こうした無人走行車両による移動サービスは、人の移動を便利にするのにとどまらない。例えばディー・エヌ・エー（ＤｅＮＡ）はヤマト運輸と提携し、自動運転を活用した次世代物流サービスの開発を目指して、２０１７年４月から湘南地区で試験サービスを実施している。プロジェクト名は「ロボネコヤマト」で、市販車をベースに、後部座席に荷物の保管ボックスを設置した専用車両を使用する。

現在実施しているサービスは、アプリで依頼するだけで宅急便の荷物を「欲しいとき」に「欲しい場所」で受け取れる「ロボネコデリバリー」と、地域商店の商品をまとめて購入して「欲しいとき」に「欲しい場所」で受け取れる「ロボネコストア」の二つである。

DeNAとヤマト運輸が試験サービスを実施している「ロボネコヤマト」の配送車両(出典：DeNA)

現在は人間のドライバーが運転する車両でサービスを実施しているが、将来の無人化をにらみ、ドライバーは運転に徹し、サービスは極力無人で実施している。

個別配送を自動化しようという試みも始まっている。例えばピザの宅配サービスを展開する米ドミノ・ピザは、オーストラリアでピザを注文した家に直接届ける小型の宅配ロボットのテストを始めている。米国のベンチャー企業であるFatdoorも、歩道を走行する小型の宅配ロボットを使ったサービス展開を検討しており、無人車両を活用した新サービスの模索もこれから続きそうだ。

複数車線の自動走行を2018年に実用化

このように、限定地域におけるライドシェアリングや物流向けのレベル4の自動運転車の実用化は2020年前後に始まりそうだが、よりハードルの高い自家用車の自動運転技術はどのように進化していくだろうか。例えば日産自動車は、2016年に高速道路・単一車線での自動運転を実用化したのに続き、2018年から高速道路・複数車線での自動運転を、2020年には一般道路での自動運転を実用化すると表明している。ただし、日産は2020年の一般道路での自動運転でも、人間が常時システムを監視するレベル2を想定している。一方ホンダは、2025年に自家用車でレベル4の実現を目指すと発表している。自家用車でレベル4の実用化時期を明らかにしたのはホンダが初めてだ。

現在実用化されている高速道路・単一車線でのレベル2自動運転に次いで実用化が予定されているのが高速道路・複数車線でのレベル2自動運転である。これは走行車線を自動走行中に、前に速度の遅いクルマが走っていたら、後方から近づいてくるクルマに注意しながら、追い越し車線に移動し、クルマを追い越したあとに、再び走行車線に戻る、という一連の作業を自動化したものだ。

この複数車線を自動運転する機能の実現には、追い越し車線へ移動するときや、走行車線に戻るときなどに、後方からクルマが近づいてこないかどうか、同時に車線変更をしようとしているクルマがないかなど、周囲の状況の確認が必要で、単一車線を走行するだけの自動運転に比べて、技術的な難度は大幅に上がる。

こうした高速道路での複数車線を走行可能な自動運転技術が実用化されると、次の段階は一般道路も含めたレベル2の自動運転ということになる。一般道路では、高速道路に比べて歩行者や自転車、信号、踏切など、外界の要素が増えるし、他の車両や歩行者の動きを考慮に入れた「判断」を求められる場面が増えるため、さらに高度で複雑な制御が必要になる。

したがって、一般道路といっても、最初のうちはすべての道路が対象になるわけではなく、幹線道路での自動化が当面の目標になるだろう。実用化がしばらく先になりそうなのが、幹線道路よりも狭い、住宅街などでの生活道路での自動運転である。交差点に信号がなく、道幅が狭く、車線も明確に描かれていないような道路では、住宅の玄関から小さな子供が飛び出してきたり、見通しの悪い交差点でクルマや自転車が横から出てきたりといった、予測しにくいことが起こる。

また、生活道路では、ボールが転がり出てきたら、その後を子供が追って飛び出してくるなど、予測が必要な場面もある。このように生活道路では、高速道路や幹線道路に比べて、人間とクルマの分離が不明確なぶん、より高度な認知や判断が求められる。このため自家用車での自動運転は、当面はレベル2であっても、自動運転が可能な道路は限定された状態で実用化が進むと考えられる。

では、自家用車でもレベル4、あるいはレベル5に近い自動運転が可能になる時期はいつごろだろうか。先に触れたようにホンダは2025年にレベル4の実用化を目指しているが、まずは高速道路での実用化になる可能性が高い。幹線道路を中心とした主要な一般道路でのレベル4以上の自動運転は、2030年ごろが実現の一つの目安になるだろう。

駐車の自動化も早期に実現

高速道路や幹線道路での自動運転のほか、比較的近い時期に実用化が期待されるのが前に触れた駐車の自動化である。これは、特に米国で強く求められている機能で、ショッピングモールなどの駐車場で、クルマが自動的に駐車場所を見つけ、自動的に駐車するというものである。駐車が得意ではない運転者が少なくないうえ、米国のショッピングモールの駐車場は非常に広く、駐車場所からモールまで歩くのも大変だ。また、広い駐車場の中で、自分のクルマをどこに停めたか分からなくなってしまうこともある。

自動駐車システムを備えたクルマなら、ショッピングモールの入り口でクルマを降り、リモコンで自動駐車システムを動作させると、あとはクルマが自動的に空きスペースを見つけて駐車してくれる。買い物を終え、ショッピングモールの出入り口で、スマートフォンを使って自分のクルマを呼び出すと、クルマが迎えに来てくれる。

ただ、米国のような平面の駐車場での実用化は比較的容易であるが、日本のショッピングモールのような立体駐車場では、クルマ寄せのような場所がないということも含めて、実用化は難しいかもしれない。

自動運転では「つながる」機能が不可欠

ここまで自動運転の歴史や、自動運転を成立させている技術、今後の実用化の見通しなどを見てきた。ここまで見てくれば分かるように、自動運転を実現するためには、多くのセンサーと高性能の半導体が必要だが、それだけでは実現できない。「電動化」「自動化」「コネクテッド化」の3番目の要素である「つながる」という機能が自動運転の実現には不可欠である。それはなぜか。

まず、地図の問題がある。先ほどから説明しているように、自動運転車が走行するためには従来のカーナビゲーションシステムの道路地図のような2次元の地図（2D地図）では不十分で、道路の車線や歩道、ガードレール、街灯、あるいは周囲の建物の形状まで含めた道路周辺の3次元形状をデジタルデータ化した3Dデジタル地図が必要である。この地図のデータ量は非常に大きく、しかもその内容は絶えず最新の内容に更新していかなければならない。

このため、3Dデジタル地図を予め車両に内蔵しておくのではなく、走行ルートが決まってから、そのルートの詳細な地図をダウンロードするのが現実的だ。それには通信回線だけでなく、リアルタイムに最新の地図を作成するサーバ、地図更新のためのインフラが必要である。

自動運転車は、その時点で最も目的地に早く着くルート、あるいは料金が安く済むルート（高速道路を使わないなど）を選ぶ。そのためには、どの道が渋滞しているか、どの道が工事で通行止めになっているか、あるいは新しい道路や高速道路が開通していないか、といった最新の交通情報を入手することが不可欠になる。当然、こういった情報を車両が入手するためにも通信回線が必要である。

さらに、自動運転車を走らせるソフトウエアも、人間が作るものである以上、完璧はありえず、継続的なバグ修正や高機能化のためのアップデートが必要だ。こうしたアップデートはスマートフォンなどと同じく、通信回線を介して最新のソフトウエアを入手する手法が主流になると見られている。この点でも通信回線は必須だ。

さらに、詳しくは第4章で説明するが、「サービス」としてのクルマを実現するためには、車両をスマートフォンなどで必要なときに「呼び出して使う」という機能を実現することが必要になる。また、車内で映像や音楽、そのほか様々な情報や広告などのコンテンツがユーザー向けに提供されるようになる。このためにも、クルマは通信回線につながっていることが必要だ。つまり、自動運転、特に市街地での自動運転を実現するうえで、「自動化」と「コネクテッド化」は切っても切れない関係にある。

不毛だった「つながるクルマ」

クルマに通信回線をつないで新しい価値を生み出そうとする動きは決して新しいものではない。例えばトヨタ自動車は２００１年にテレマティクスサービス「G-BOOK」を発表、２００２年から実際にサービスを開始した。

これは、カーナビゲーションシステムに通信機能や音声認識、データ読み上げの機能を備えることで、ニュース、天気、株価、ナビと連動した交通情報、地図、音楽、電子書籍、映像などの情報を取得したり、電子メールなどの送受信、ネットワークゲーム、ネットワークカラオケ、会員情報サービス「ＧＡＺＯＯ」での商品購入など、多彩な機能を実現することを目指していた。

トヨタの後を追って、日産自動車は「カーウイングス」、ホンダも「インターナビ」と呼ぶ通信カーナビを使ったサービスを開始した。ところがこれらのサービスは実際には鳴かず飛ばずに終わり、たとえ通信機能を持つカーナビを持っていても、実際には通信機能を使わないユーザーも多い。「つながるクルマ」は画餅に終わっているのが現状だ。この最大の理由は、わざわざカーナビを使わなくても、スマートフォンを使えばこれらの機能のほとんどは実現できてしまうことにある。「つながるクルマ」で新たな価値を生み出すことは難しいのではないかという、半ば諦めのような空気が、つい最近まで自動車業界にはあった。

ところが最近になって、「つながるクルマ」への注目度が再び高まっている。一つのきっかけは、米ウーバー・テクノロジーズのようなライドシェアリングサービスの広がりだった。ウーバーの提供するサービスを一言で表すと「スマートフォンを使った配車サービス」だ。ウーバーのアプリを起動すると、ユーザーのいる場所周辺の地図が表示され、どこにウーバー・ドライバーがいるかも示される。ウーバー・ドライバーは、日本ではタクシーやハイヤーといったプロのドライバーに限られているが、海外では一般のドライバーもウーバー・ドライバーとして登録している。

ここでユーザーは、移動したい場所の住所を入力するか、地図上で移動したい場所をタップする。すると目的地までの経路や、目的地までの料金が表示される。料金には、利用する車種によっていくつかのコースが用意されており、高級な車種、多人数乗車可能な車種などの中から、ユーザーが目的によって選択できる。

ここでコースを選択すると、近くにいるクルマの車種やドライバー、およびそのドライバーの評価（5点満点）や顔写真などが表示される。その中から車種とドライバーを選ぶと今いるところにクルマが到着する。決済に現金は不要で、手続きはすべてスマートフォン上で完結する。２００９年３月に創業した同社は、またたく間にそのサービス展開を拡大し、２０１６年５月時点で、世界66カ国、３５０都市でサービスを展開している。毎月の乗降回数は約１億回、アクティブなドライバーの数は１１０万人に達するという（いずれも２０１５年12月現在）。

日本では一般のドライバーによるライドシェアリングサービスが合法化されていないために目立たないが、ライドシェアリングサービスを手がける企業は、米国ではウーバーと競合する米リフト、欧州ではイスラエル・ゲット、中国の滴滴出行（Didi Chuxing）、インドのオラ、東南アジアのグラブなど、続々と登場しており、新たな移動サービスとして世界で急速に浸透しており、特に都市部ではなくてはならない移動サービスになっている。

ウーバーのサービスでは、移動したいユーザーがスマートフォンで移動手段を呼び出すことができ、移動したぶんだけの料金を払う。クルマそのものが通信回線につながっているわけではないが、ドライバーのスマートフォンを介してクルマを通信につなげた新しい発想の「つながるクルマ」といえる。一見タクシーに似ているが、流しのタクシーを待つ必要もなく、ドライバーを評価により選ぶことができ、不慣れな土地で遠回りされることもなく、多様な車種の中から目的に応じて選択でき、しかも既存のタクシーよりも低い料金で利用できるという新たな価値を備えたサービスを創造したといえる。

「音声」がもう一つの切り口

新しい切り口で「つながるクルマ」に挑戦する企業も出てきている。それが「ＡＩスピーカー」を活用したサービスだ。日本でも２０１７年秋からスピーカー型音声アシスタント端末、いわゆるＡＩスピーカーが相次いで発売された。アマゾンの「アマゾン・エコー」、グーグルの「グーグル・ホーム」などがそれに当たる。「明日の天気は？」といった質問に答えてくれたり、「明日の朝６時に起こして」というと起こしてくれたりといった機能を備えるが、ＡＩスピーカーの本領はその先にある。

例えばWi-Fiに接続されているテレビがあれば、ＡＩスピーカーに「テレビをつけて」というだけでテレビを起動してくれたり、同様にWi-Fiに接続された照明やカーテンがあれば、呼びかけるだけで、照明を消してくれたり、カーテンを開けてくれたりする。

さらに、ＡＩスピーカーでピザを注文したり、ウーバーの配車サービスを手配したり、といったことも可能になっている。アマゾンのＡＩスピーカーでは、音声でオンライン・ショッピングをすることも可能だ。

話しかけるだけでいろいろなことを実行してくれるAIスピーカー「アマゾン・エコー」(出典：アマゾン)

ＡＩスピーカーのキーテクノロジーは、その高度な音声認識技術なのだが、これはスピーカー本体の機能ではなく、インターネットにつながった先にある高性能のサーバに内蔵された音声アシスタントＡＩによって実現している。つまりＡＩスピーカーとはいうものの、ＡＩの本体はインターネットの「向こう側」にあるわけだ。

そして、このＡＩスピーカーのサービス網の中に、クルマも組み込まれようとしている。米フォード・モーターは、カーナビゲーションシステムに、アマゾンのＡＩスピーカーの機能を組み込むことで、ナビゲーションに話しかけることで目的地設定をしたり、電話をかけたりできるようにしたり、クルマから自宅の車庫のシャッター開閉を操作したり、アマゾンで商品を注文したりといった使い方を可能にした。フォードに加えて、ドイツ・フォルクスワーゲン、日産、トヨタといった完成車メーカーもアマゾンのＡＩスピーカーの機能を自社の車載機器に組み込むと発表した。

これまでクルマでは、「つながるクルマ」の機能を実現しようとしても、運転中は車載機器の複雑な操作はできないのがネックになっていた。かといって停車中に操作するならスマートフォンと使い勝手は変わらない。しかし、音声で多彩な機能が利用できるとなれば、運転中の利便性は格段に高くなる。

中国浙江吉利汽車のブランド「Lynk & Co」が販売する最初から個人間カーシェアリング機能を備えたクルマ「01」(出典：Lynk & Co)

さらに、個人間のライドシェアリングにクルマを貸し出すことを目的としてコネクテッド機能を搭載したクルマも登場し始めている。中国の完成車メーカーである吉利汽車が展開するブランド「Lynk & Co」の車両は、ユーザーが使わない時間をクルマのタッチパネルで登録しておくと、カーシェアリングサービスに自分の車両を提供できる機能を最初から備えているのが特徴だ。

カーシェアリングサービスの利用者は、スマートフォンのアプリで利用したい場所にある車両を探して予約し、時間内であれば自由に車両を使える。現在でも個人間のカーシェアリングサービスはあるが、借主と貸主が会ってキーの受け渡しをしなければならないという手間がかかる。これに対してLynk & Coの車両は、利用者がスマートフォン上でアプリを操作することで、ドアの解錠やエンジンの始動が可能で、クルマのオーナーと利用者双方の手間が省ける。将来、自動運転車が実用化すれば、クルマはこうした個人間カーシェアリングでも自ら利用者のところまで来てくれるようになるので、クルマが停車してある場所まで行く手間が省け、一層便利になるだろう。そういう世界では、タクシー、ライドシェアリング、カーシェアリングといった既存のビジネスの枠組みは崩れ、まったく新しいサービスが登場してくるに違いない。第4章では「電動化」「自動化」「コネクテッド化」が可能にする新しい「移動」の姿を占う。

第4章
自動車産業の未来

自動運転サービス車両が走り回る近未来の都市のイメージ(出典：ボッシュ)

ここまで、第1章では、現在のクルマが「環境」「安全」の二つの面で様々な問題を抱えていること、そしてまた、IT産業で進む「サービス革命」に比べると現在のクルマは消費者の高度化するニーズにまったく応えられていないことを見てきた。第2章では、欧州のディーゼル不正や中国の新エネルギー車(NEV)政策、そして米国のゼロ・エミッション車(ZEV)政策の後押しによって世界的にEVの普及が加速していることを示した。第3章では、つい最近まで夢の技術と思われていた自動運転技術が急速に進化し、限定的な地域であれば無人のクルマを活用したサービスが早ければ2019年にもスタートすること、自動運転の実用化には「コネクテッド化」が不可欠であることを紹介した。

最後の第4章では、こうした変化を受けて、これからのクルマがどう変わるのかについて考えていきたい。まずは、ここにきて続々と発表されている、クルマの未来を先取りした動きから紹介していこう。

完成車メーカーは「サービス」を目指す

もう一度、プロローグ冒頭のシーンに戻っていただきたい。2018年1月8日、米国ラスベガスの高級ホテル、マンダレイ・ベイ リゾート&カジノのカンファレンスルームだ。ここでトヨタ自動車の豊田章男社長が発表したのがモビリティ・サービス専用の自動運転ＥＶ（電気自動車）のコンセプト車「e-Palette Concept」である。このコンセプト車を詳細に見ていくと、次世代のクルマに対するトヨタの考え方が凝縮されていることが分かる。

トヨタ自動車がCES 2018に出展したモビリティ・サービス専用EV（電気自動車）のコンセプト車「e-Palette Concept」（出典：トヨタ自動車）

プロローグでも触れたように、このコンセプト車は、これまで「所有することに喜びを感じられるクルマ」にこだわってきたトヨタが「モビリティ・サービス・カンパニー」へと大きく方向を変えたことを象徴する画期的なクルマだ。「サービス化」へと舵を切るのはトヨタだけではない。ドイツ・ダイムラーは、すでにカーシェアリング事業「Car2Go」を自ら手がけているし、あるいはドイツ・フォルクスワーゲンも、ドライバーを必要としないサービス用のＥＶのコンセプト車「ＳＥＤＲＩＣ」を２０１７年3月のジュネーブモーターショーで発表するなど、クルマの「サービス化」に対して手を打ち始めている。

これに対してトヨタも、ライドシェアリング大手の米ウーバー・テクノロジーズに出資するなど、決して手をこまぬいていたわけではないのだが、自らが「モビリティ・サービス」に参入する動きは見えなかった。それは「所有することに喜びを感じられるクルマ」にこだわる企業姿勢からすれば、ある意味当然の選択である。その、かたくなにも見えた企業姿勢が、今回のCES2018では豹変した。しかもその車両が、EVでしかも完全自動運転（レベル4）という、これまでトヨタが商品化を躊躇してきた条件を併せ持っていること、つまりはこういう車両の商品化を表明したこと自体が、非常に画期的なことだと筆者は感じた。

慎重だった姿勢を一変

e-Palette Conceptが想定する「サービス」には様々な用途がある。今回CESに出展したのは全長4800㎜、全幅2000㎜、全高2250㎜で、乗車定員が6人程度のタイプだが、トヨタはこれに加えて、より全長が長いタイプと短いタイプの、合計3タイプの車体を用意する計画だ。代表的な用途としてまず考えられるのが「無人バス」や「無人タクシー」のような使い方である。すなわち、利用者がスマートフォンなどで車両を呼び出すとそこに車両がやってきて、利用者が行き先を告げれば、そこへ連れて行ってくれる、というものだ。小型のタイプでは現在のタクシーのように個人単位で移動するような使い方になるだろうし、中型や大型のタイプでは、同じ方向に行く人たちが同乗する乗り合いバスのような使い方もあり得る。

しかも、トヨタが e-Palette で想定しているのは単なる移動サービスだけではない。例えば車両内部にキッチンを設けて移動レストランにしたり、作業用デスクを取り付けて移動オフィスにしたり、移動店舗や貨物輸送用車両、あるいはベッドを設けて移動ホテルにするといった多様な使い方を想定している。ユニークなのは、朝は移動ベーカリーとして使い、昼は内部の設備をモジュール式に入れ替えてピザ窯を備えたピザの移動店舗として使うなど、複数のサービス事業者による1台の車両の相互利用も想定していることだ。

オープン・イノベーションの手法を取り入れる

筆者が強い印象を受けた第2のポイントは、米ウーバー・テクノロジーズや米アマゾン・ドット・コム、中国でライドシェアリングサービスを手がける滴滴出行など、e-Palette の潜在的なユーザーとなり得る海外の大手IT企業と開発の初期段階から提携して車両の開発に取り組むと発表したことだ。完成車メーカーの商品開発においてはこれまで、様々なユーザーニーズ

トヨタは米ウーバーや米アマゾン，中国の滴滴出行など，海外の大手IT企業と開発の初期段階から提携して「e-Palette」の開発に取り組むと発表した（筆者撮影）

を調査しつつも、開発そのものは秘密裏に進めるというのが普通だった。これに対して、今回は発売前にコンセプトを先に公開してしまい、想定ユーザー企業の意見を聞きながら完成形まで持っていくという、これまでの自動車開発とは大きく異なる手法を採っている。

こういうやりかたは、自動車開発においては異色だが、ソフトウエア開発においてはある意味当たり前の手法になっている。すなわち、ベータ版と呼ばれる完成前のソフトウエアをユーザーに公開し、実際に使ってもらってバグの解消や使いにくいポイントの改良などにつなげるというものだ。

先に説明したように、e-Paletteはライドシェアリング、移動ホテル、移動店舗など多様な用途に対応できる設計になっている。エンジンがないＥＶのレイアウトの自由度を生かした低くフラットな床に箱型デザインの組み合わせで、

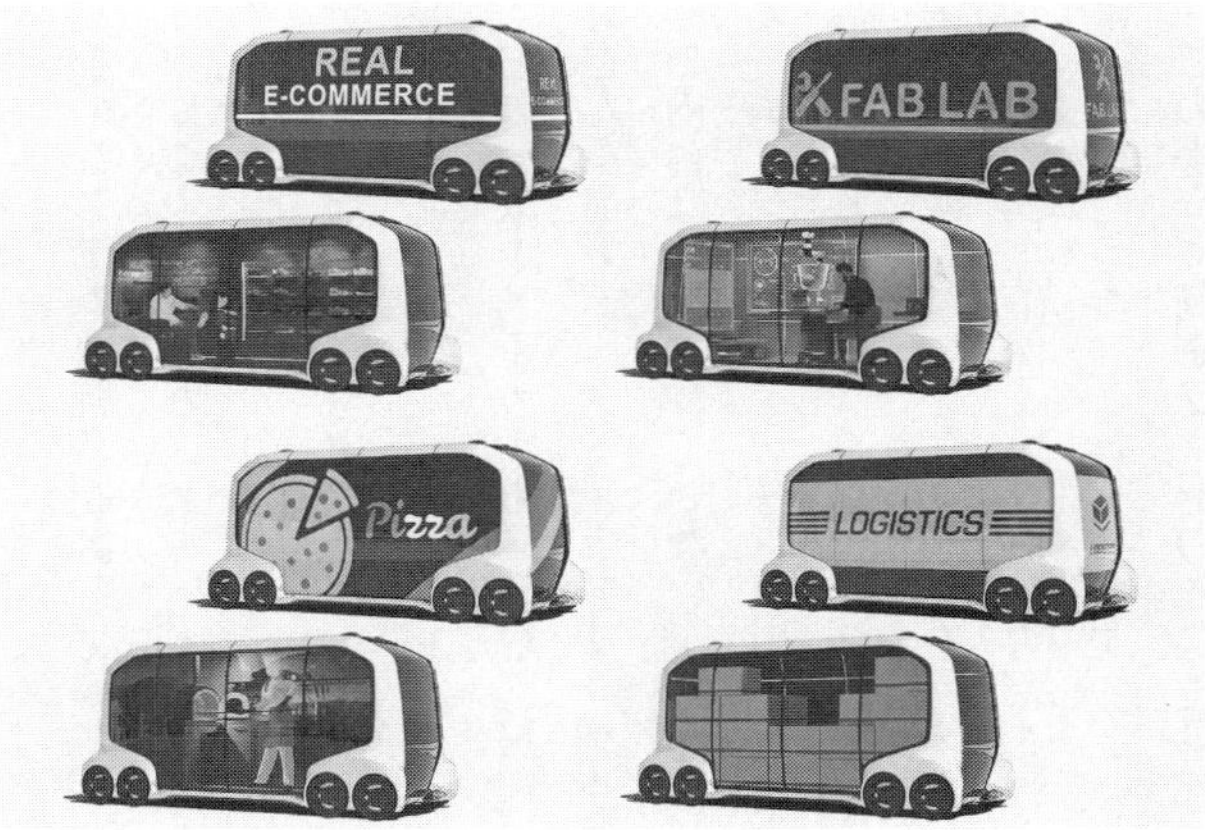

内部を改造することで同じ車両を様々な用途向けに変更できる（出典：トヨタ自動車）

広い室内空間を確保し、内部を自由に改造できるようにしているのだ。つまり、ハードウエア自体が外部の協力企業のニーズに応じて柔軟に対応できるオープンな設計となっているわけだ。

ソフトもオープン

オープンな設計になっているのはハードだけではない。ソフトウエアについてもオープン化を進めているのがe-Paletteの大きな特徴である。具体的には、e-Paletteを制御するソフトウエアの仕様を公開することにより、例えばウーバーなど、現在独自に自動運転ソフトウエアの開発を進めている企業が、そのソフトを使ってe-Paletteを動かせるようにした。これはじつはとても画期的なことなのだ。

現在のクルマは電子制御化が進んでおり、しかも、エンジンとブレーキ、ステアリングなど、複数のシステムを統合制御している。このために、クルマの中には「CAN」というネットワークが張り巡らされており、同じCANの配線を通って、エンジン制御、ステアリング制御、ブレーキ制御などの命令データが流れている。同じ配線の中を通っていても、それぞれの命令データにはブレーキ用、ステアリング用と、識別するためのID（識別子）が付いているので、混乱することはない。

どの完成車メーカーも同じCAN規格のネットワークを使っているのだが、当然のことながらどんな命令データでステアリングやエンジンを制御しているかはメーカーによって異なり、その内容は公開されていない。もしこれを一般公開してしまうと、ユーザーが不正な改造をして、エンジンやステアリングの制御を変えてしまうおそれがあるし、もっと悪い想像をすれば、悪意ある第三者が、通信回線などを通じて外部から車両を操作することが容易になるからだ。実際、市販されているクルマをハッキングして外部から操作したという例が報告されている。クルマの安全確保という点から、これまで完成車メーカーはソフトウエアの仕様の公開には非常に慎重だった。これを公開するというのには、かなりの覚悟が必要だったに違いない。

このように制御ソフトの仕様を外部に公開することにより、例えばウーバーは自社が開発した自動運転ソフトを使い、自社で構築したネットワーク上でe-Paletteを運用することができるのだ。これはサービスを提供する企業からはありがたい仕組みだが、車両を提供するメーカーにとっては両刃の剣である。大口のユーザーを確保できる可能性がある一方で、車両を提供するだけの、いわば「下請け」の立場になりかねないからだ。

これまで自動車産業の頂点に君臨してきた完成車メーカーからすれば、自らが下請けの立場になることに複雑な思いがあるだろう。もちろん、トヨタ自身も自らがサービスプラットフォームを構築することを考えており、すべてのe-Paletteが下請け的な使われ方をするわけではない。それでも、サービスの分野ではトヨタは後発であり、追いかける立場、学ぶ立場である。アマゾンや滴滴出行との提携でも、同様のことがいえるだろう。自動車産業の王者であるというプライドを捨てて、謙虚に学ぶ姿勢を鮮明にしたことが、じつはe-Paletteの最も画期的な点かもしれない。

まずは２０２０年の東京オリンピック・パラリンピックで

このように様々な面で画期的なトヨタのe-Paletteだが、トヨタはまず数台のe-Paletteを作り、これを２０２０年の東京オリンピック・パラリンピックで走らせたい意向だ。観客を運ぶのか、実際に走らせる場所はどこか、といった具体的な詳細はまだ明らかにされていないが、場所についてはオリンピック施設の多くが集中するお台場地区がその有力候補になるだろう。さらにその後、2020年代の初頭から、先に挙げたパートナー企業仕様の e-Palette を作製し、主に米国で実証実験を実施する意向だ。

ただし、実際の商業化までには、多くの課題が残っている。まず基本的な問題として、セキュリティの確保がある。先に指摘したように、これまで完成車メーカー各社は特に安全性確保の観点からソフトウエアの仕様を公開してこなかった。これを外部の企業に公開しながら、いかに車両の安全性、特にサイバーセキュリティ対策をするかは大きな課題になるだろう。

また、ビジネスという観点では、e-Palette の運用により発生する「データ」の取り扱いも問題になるだろう。例えばウーバー向けの車両では、どこからどこまでユーザーを運んだのかというデータまではトヨタも把握できるだろうが、どんなユーザーが利用したのかということまでは分からない。アマゾン向けの車両でもこれは同じで、どこからどこまで荷物を運んだかは把握できても、その荷物の中身や、どんなプロフィールのユーザーが利用したかまでは分からない。

しかし、トヨタ自身がモビリティ・サービスを本格的に展開しようと思えば、こうしたデータを入手できるかどうかが生命線であり、逆にこうしたデータを入手できないようなビジネス展開では、先に述べたように単なる「ハコを提供するだけ」で終わってしまう。「サービスの中身」にどこまで関わっていけるかも、大きな課題になる。

さらにいえば、サービス向けの車両の場合、後で詳しく説明するように、ユーザーに対して車両の中で音楽配信サービスや映像配信サービス、さらに広告サービスを展開することが考えられる。しかし、例えばウーバー向けの車両で、トヨタ自身がこうしたビジネスを展開できるかどうかは未知数だ。こう考えてくると、トヨタはパートナー企業向けに車両を提供するだけでなく、どこかの時点で自らがサービスプロバイダーにならなければ、真の意味でモビリティ・サービス企業に脱皮できたとはいえないことが分かる。その場合、パートナー企業とは利害が反することも考えられるわけで、このあたりのさじ加減はかなり難しいことが予想される。こうした様々な困難がありながらも、e-Palette の発表によってトヨタがこれまでの枠を越えた新たな一歩を踏み出したことは確かだ。

日産もサービス化へ一歩

サービス化に踏み出すのはトヨタだけではない。2018年2月23日に、日産自動車とディ

「Easy Ride」の実証実験のイメージ．スマートフォンで自動運転車を呼び出す．使われる実験車両はEVの「リーフ」をベースにしている（出典：日産自動車）

ー・エヌ・エー（ＤｅＮＡ）は横浜・みなとみらい地区で「Easy Ride」と呼ぶ無人運転可能な車両を使ったライドシェアリングサービスの実証実験を同年の３月に実施すると発表した。

今回の実証実験には、日産の公式サイトで募集した一般消費者のモニター約３００組が参加する。一般公道で、しかも一般消費者が参加する無人車両を使った実証実験は、これまで国内では例がない。この実証実験では、モニターがスマートフォンのアプリを使って自動運転技術を搭載した実験車両を呼び出し、みなとみらい地区にある日産のグローバル本社と横浜ワールドポーターズを往復する合計約４・５㎞のコースを移動できる。ただし、ユーザーはどこでも車両を呼び出せるわけではなく、乗降できるのは日産のグローバル本社、パシフィコ横浜、ワールドポーターズ、けいゆう病院の４カ所に限られる。

日産とＤｅＮＡの両社は、実験を通じてサービス内容の評価・確認を行い、将来的には、誰でも好きな場所へ自由に移動できる新しい交通サービスの実現を目指している。両社は、Easy Rideの実用化を3段階で考えており、第1段階となる実証実験の次には、第2段階として「限定環境サービス」を実施し、第3段階で「本格サービス」に移行する計画だ。

実証実験の段階では、安全性やサービス品質の向上、運営プロセスの改善、事業スキームの確立に取り組む。次の限定環境サービスでは、限られた地域でサービスを開始する。サービスの内容は、かなり本格サービスに近いものにしたい意向だ。ここでサービスの仕様を最適化し、サービスエリアを拡大するとともに、地域パートナーを拡大する。そして2020年代早期に本格サービスを開始し、新しい交通インフラとして地域に定着させ、社会が抱える交通の課題解決につなげたいという。

決定的に重要なアプリの使い勝手

Easy Rideの特徴は、日産単独ではなくDeNAと協力してサービスを設計した点にある。DeNAはインターネットサービスを主力とするIT企業であり、サービスの設計にかけては完成車メーカーよりも一日の長がある。実際、Easy Rideを使うためのアプリやサービスはかなり完成度が高く、日産単独でこのサービスを設計していたら、ここまでのレベルには達しなかったかもしれないと思わせる。

その最たるものは、単なる移動だけでない楽しみをユーザーに提供しようとしている点だ。Easy Rideを使うためのアプリでは、目的地を直接設定する以外に「やりたいこと」をテキストまたは音声で入力し、お薦めの候補地を表示させて

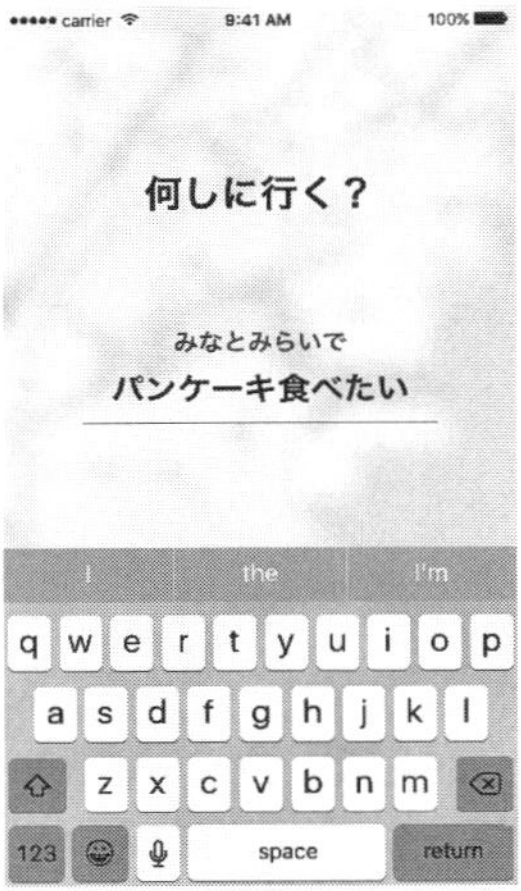

Easy Rideのアプリは目的地ではなく「やりたいこと」を入力することも可能（出典：DeNA）

その中から選択することもできる。例えば「パンケーキを食べたい」とスマートフォンに呼びかけると、走行ルート周辺のお薦めのパンケーキ店を案内してくれるという具合だ。

先ほど触れたように、Easy Rideの実証実験では車両に乗降できるのは4カ所だけなのだが、このスマートフォンのアプリでは、最終的な目的地まで、車両を降りたあともユーザーを誘導する。単に車両を利用するだけに終わらず、ユーザーの体験（エクスペリエンス）全体をカバーするようにきめ細かくサービスが設計されているのだ。

もう一つの特徴は、走行中に走行ルート周辺のスポットや最新のイベント情報など約500件の情報を車載タブレット端末に表示することだ。こうした周辺の店舗などで使えるクーポン

を40件程度用意しており、それを自分のスマートフォンにダウンロードして使うことができる。このように「移動」と「広告」、「クーポン」を組み合わせたビジネスは、後で詳しく触れるように将来の移動サービスの重要な要素になると考えられるが、Easy Rideではそれを先取りしている。

ルート周辺の一部の店舗ではクーポンを発行する（出典：DeNA）

クルマが「モノ」から「サービス」へと移行すると、そのサービスを利用するためのアプリの使い勝手は決定的に重要になる。その重要性をよく理解しているのがアマゾンだ。同社はオンライン・ショッピングでショッピングカートの画面を経ずにワンクリックで品物を注文できる機能を「ワンクリック・オーダー」として特許を取得している。同じくアプリの使い勝手の重要性を理解するアップルは、このワンクリック・オーダーの特許をアマゾンに使用料を払って使用している。ほんのちょっとした手間を省けるかどうかでアプリの使い勝手に対するイメージは大きく変わる。アマゾンのワンクリック・オーダーの特許は、そういうユーザー心理を深く理解しているといえるだろう。

アプリの使い勝手の重要性を示すもう一つの例を挙げよう。かつて個人間のモノの売買では、ヤフーが運営するオークションサイト「ヤフオク！」が圧倒的な地位を築いていた。ところが最近では「メルカリ」などのフリマ（フリーマーケット）アプリの台頭が著しい。これは、スマートフォンで撮影したものをすぐに出品できるアプリの簡単さ、使い勝手の良さが評価されているためだ。日産がアプリ開発で経験の深いDeNAと組んだのは、アプリの使いやすさが移動サービスにおいても生命線になるということを、日産がよく理解しているからだろう。

今回の実証実験では念のためにドライバー席にはスタッフが乗車するが、基本的に運転操作はしない。さらに両社は、将来の無人サービス開始時にユーザーが安心して利用できるように、走行中の車両の位置や状態をリアルタイムで把握することが可能な遠隔管制センターを設置した。今回の実証実験では、この遠隔管制のテストも実施する。

このような技術的な評価もさることながら、両社が重視しているのはサービスに対するユーザーの評価だ。乗車後に実施する一般モニター向けのアンケート調査では、乗降時や乗車中の体験についての評価や周辺店舗と連動したサービスの利用状況、実用化した場合の想定利用価格などについて情報を収集する。得られた情報は、さらなるサービス開発や今後の実証実験に活用する予定である。

今回の実験で得られた結果や、ユーザーのアンケート調査をベースに、両社はこの実証実験終了後に無人運転環境でのサービスの検討や運行ルートの拡充、有人車両との混合交通下で最適に車両を配備するロジックや乗降フローの確立、多言語対応などの検証を進め、第２段階の限定環境サービスを実施し、２０２０年代早期の本格サービスの実施につなげる。

世界最先端の試み

トヨタのe-Paletteと比べると、Easy Rideに使われる車両そのものは市販されているＥＶ「リーフ」の旧型をベースにしたものでそれほど新規性はない。しかしトヨタのe-Paletteは、先ほど触れたように２０２０年に数台の試作車を作り、そこから実証実験を始める予定で、日産よりも実証実験の開始が2年遅れになる。クルマの開発では2年は短いが、ＩＴ業界における2年は長い。ユーザーの声を聞きながら2年早くサービスの開発・改良に取り組めることは日産・ＤｅＮＡの大きなアドバンテージといえるだろう。

また、世界を見回しても日産・ＤｅＮＡの試みは最先端だ。自動運転技術そのものの水準でいえば、第3章で触れたように米グーグルが２０１７年11月からアリゾナ州フェニックスで、運転席にドライバーのいない自動運転車の公道実験を開始しており、しかもこれに一般公募した地域の消費者モニターを乗せている。

走行できる範囲は市内全域で、単に短いコースを往復するだけの今回の日産・ＤｅＮＡの実証実験よりも進んでいるといえる。ただし、グーグルの実証実験はあくまでも車両を走行させるだけであり、ユーザーの車内体験や地域社会との連携を含めたビジネスモデルの模索を始めているという点では日産・ＤｅＮＡのほうが先を行っている。その考え方がよく表れているのがYouTubeに投稿されているEasy Rideのコンセプトムービーだ。

このムービーには、自動運転技術を利用した移動サービスだからこそできるメリットが凝縮して盛り込まれている。例えば、冒頭は海外から日本に到着したカップルが無人タクシーに乗り込み、それぞれ英語とフランス語で行き先を告げると、それぞれの言語で答える。人間のタクシードライバーが多くの海外言語を習得するのは大変だが、クルマに搭載した人工知能なら多言語対応はたやすい。

次のシーンでは老夫婦がEasy Rideの無人タクシーを呼び出し「海にドライブに行きたい」と告げると、クルマが「今日の天気ですと、湘南方面はいかがですか？」とリコメンドする。

また次のシーンではピアノのレッスン帰りの小学校低学年の女の子2人が無人タクシーに乗り込み、車載タブレットを通じて母親と会話を交わす。この二つのシーンに共通するのは、運転に不安のある高齢者や、免許を持っていない子供でも「移動の自由」を享受できるという自動運転車のメリットだ。

そして最後のシーンでは、無人タクシーで仕事帰りに路地裏のケーキ店に立ち寄るビジネスマンが、自分が買い物を終える10分後に店の前に戻ってくるようクルマに指示する。周囲にクルマを停めるスペースがないからだ。こういう、駐車スペースのないところにクルマで移動するにも、無人タクシーは便利だ。

タクシーや地域と協調

そしてもう一つ、今回の日産とDeNAの記者発表で印象的だったのが、タクシー業界や地域の商店など、既存の産業と協調していく姿勢を強調したことだ。まず地域の商店との協調については、今回の実証実験で周辺の一部の店舗にクーポンを提供してもらうなど、すでにスタートしているが、今後についても、ユーザーを直接店舗に連れてくるEasy Rideのサービスは「もともとリアルな店舗と相性がいい」(DeNAの執行役員でオートモーティブ事業本部長の中島宏氏)として提携店舗と地域経済との連携をさらに拡大する方針だ。

気になるのはタクシー業界との連携だ。ユーザーを希望の場所に運ぶという点で、Easy Rideのサービスはタクシーと競合するように見える。これに対して中島氏は発表の中で「競合するのではなく、補完関係を築く」と強調した。「地域交通の提供事業者は地域のニーズを把握しており、拠点網の確保や車両資産の活用という点でも提携は重要」(中島氏)と位置づけており、「より安心して利用してもらえるサービスを一緒に提供していきたい」(同)とも発言しており、地域交通の提供事業者と共同で今回のサービスを展開していくことを想定しているようだ。

タクシー業界は現在、ドライバー不足という深刻な経営課題を抱えている。Easy Rideはそうした課題を補完的に解決できる可能性がある。こうした事情が、タクシー業界を連携へと向かわせているようだ。実際タクシー業界からの反応は悪くないという。既に神奈川県タクシー協会とは、お互いの強みをどう生かしていくのか、役割分担をどうしていくのかについて勉強会を開催しており、こうした活動を通して、お互いによい関係を築けるビジネスモデルを構築する意向だ。

現在の日本は少子高齢化に伴う労働力不足が様々な分野で顕在化しつつある。例えば

２０１８年３月は引っ越し業者が見つからなくて困っている人が多いという報道が相次いだ。こうした労働力不足は社会的課題であると同時に、社会的なニーズでもある。その意味で、日本は様々な分野で労働者との摩擦を回避しながら業務の自動化を進められる環境にあるともいえる。

分野はまったく異なるが、現在、機械学習やＡＩ（人工知能）などの技術を活用してホワイトカラー業務を自動化・効率化するＲＰＡ（Robotic Process Automation）という手法が注目されているのも同じ文脈だろう。少子高齢化を「課題」とだけ捉えるのではなく「チャンス」と捉えて「自動化先進国」を目指すというのは一つのあるべき姿になるはずだ。

ソニーが手がけるクルマとは

そして最後に紹介する例が、これまでクルマとは無縁だったソニーがクルマの「サービス化」に取り組んだコンセプト車「SC-1」だ。SC-1は全長３１４０㎜、全幅１３１０㎜、全高１８５０㎜という軽自動車よりも小さい車体のコンセプト車だが、いくつかのユニークな特徴を備えている。その一つが、窓がないことだ。人間の目よりも暗いところでの視認性能が高いイメージセンサーを車両の前後左右に搭載することで、３６０度すべての方向を映像で確認で

ソニーが試作したコンセプト車「SC-1」．窓がなく，大型の液晶ディスプレイが取り付けられている（出典：ソニー）

きる。

この映像を、車内のフロントウインドーの位置に設置された49型の４Ｋ液晶ディスプレイで見ながら運転することで、ヘッドライトの必要をなくした。撮影した映像を５Ｇ（第５世代）通信で飛ばすことにより、離れたところでそれを見ながらクラウドを介して遠隔操作することも可能だ。車内にはハンドルやアクセルペダル、ブレーキペダルはなく、操作は車内、遠隔どちらの場合でも「プレイステーション」のコントローラーを使う。

通常の窓がある位置には55型の４Ｋ液晶ディスプレイを取り付けることで、様々な映像を車両の周囲に向けて映し出すことができる。イメージセンサーで得られた周囲の映像をＡＩで解析することで、車両の周囲にいる人の性別・年齢などの属性を判断し、最適な広告や情報を表示することなども可能だ。一方、車両に乗っている人向けにも、車内に設置した液晶ディスプレイに映した周囲の映像に、様々なＣＧ画像を重ねて映すことで、車内をエンタテインメント空間に変貌させ、移動自体をより楽しめる。ソニーはこの車両をどうビジネスにつなげていくかをまだ決めていないようだが、新しいクルマを開発するのではなく「移動を再定義する」というコンセプトで開発に取り組んでいるようだ。

「電動化」「自動化」「コネクテッド化」が一体に

ここまで、トヨタ、日産、そしてソニーが考える新しい移動サービス向けの車両について見てきたわけだが、これらすべてに共通するのは、プロローグで挙げた現代の自動車業界の三つのトレンド「電動化」「自動化」「コネクテッド化」が一体化していることだ。まず、どの車両もEVである。トヨタと日産の車両はスマートフォンで呼び出すことを想定していることから、またソニーの車両は遠隔操作を想定していることから、どれも通信が不可欠である。そしてトヨタと日産の車両は自動運転車である。第3章で触れたように、スマートフォンで呼び出すためという以外でも、市街地を自動走行するのに通信機能は不可欠である。ソニーのSC-1は自動運転車両ではないが、ソニーは日本の自動運転ベンチャーであるティアフォーに出資すると2018年3月5日に日本経済新聞で報道されており、将来は自動運転化される可能性がある。

トヨタや日産が目指している将来のモビリティ・サービスは、クルマは必要なときにスマートフォンなどで呼び出すとやってきて、利用者がステアリングやペダルを操作することなく目的地まで自動的に運んでくれ、目的地に着いたら、また別の利用者のところへ自動的に走り去っていくようなものである。こうした車両は「無人タクシー」あるいは「ロボットタクシー」と呼ばれている。最近では「MaaS（モビリティ・アズ・ア・サービス）」という呼び方も出てきた。つまり、サービスとしてのクルマということで、この呼び方はもともとITの世界で使われている「SaaS（ソフトウエア・アズ・ア・サービス）」という言葉から来ている。

SaaSでは、ソフトウエアを購入するのではなく、必要なときに必要な時間（期間）だけ、インターネット経由でソフトウエアを利用し、利用した分だけ料金を支払う。これと同様にMaaSでも、クルマを所有することなく、インターネット経由でクルマを呼び出し、移動したぶんだけ料金を支払う。

MaaSではEVが必然

こうしたMaaSの車両はなぜEVなのだろうか。日産やトヨタの車両はいずれも都市内での比較的短い距離を移動するサービス向けを想定しており、こうした用途向けではEVの「航続距離が短い」という難点がそれほど問題にならず、排ガスを出さないというメリットをアピールできることが大きいとみられる。また、自動運転車は必ずしもエンジン車では実現できないものではないが、エンジンよりもモーターのほうが命令に対する応答が速く、制御性が高いことも自動運転に適している。

さらに将来をにらむと、自動運転とEVの組み合わせは必須と考えられる。というのは、燃料補給を考えた場合に、無人の車両がガソリンスタンドに行った場合、最近増えているセルフのガソリンスタンドでは給油が不可能だからだ。もちろん人間の店員がいるガソリンスタンドでは給油が可能だが、それよりも非接触充電技術を活用したほうがずっと自動運転車と相性がいい。

非接触充電技術というのは、地面に埋め込んだコイルから、車体の床面に取り付けたコイルへと非接触で送電することでEVを充電する技術だ。現在、スマートフォンなどで、充電台の上に置くだけで充電できる非接触充電技術が実用化されているが、これは「電磁誘導方式」と呼ばれるもので、送電側と受電側のコイルの距離が離れると充電の効率が低下してしまう問題がある。

これに対し、EVに使われることが期待される非接触充電技術は、難しい表現になるのだが「磁界共鳴方式」と呼ばれるもので、送電側と受電側に数十cmの距離があっても高い効率で充

地面に埋め込んだ送電コイルと車体の床面に取り付けた受電コイルの間で非接触充電する実験をしているところ(筆者撮影)

電できる。

サービス用EVをストックしておくサービスステーションや、道路脇に送電コイルを埋め込み、充電が必要になった車両は、この送電コイルのある位置に停車すれば自動的に充電が始まる、という仕組みにすれば、クルマの給油口に給油のノズルを差し込んだり、あるいは現在のEVのように充電ケーブルを接続したりといった手間が省ける。もちろん、送電側と受電側で通信をしてから充電が始まるので、送電コイルが埋め込まれた地面を人間が歩いたとしても危険はない。送電コイルと受電コイルの間の位置決めは、人間の運転するクルマだと位置合わせが難しいが、自動運転車なら容易だ。このように考えてくると、将来のMaaS用車両では「電動化」「自動化」「コネクテッド化」の三つをセットにすることがまさに必然といえるだろう。

自家用車より「実用的価値」がはるかに高いＭａａＳ

こうしたＭａａＳは、第１章で指摘した現在のクルマの課題の多くを解決することが可能だ。第１章で指摘したように、現在の消費者は「より高性能・高品質」というのは当然として、製品やサービスに対して「いつでも」「どこでも」「誰でも」「簡単に」「多くの選択肢の中から」「安全に」「より安く」といった実用的価値を非常に高い水準で求めている。しかしいまのクルマはこうした要求に対してまったく応えられていない。

これに対してＭａａＳであれば、「いつでも」「どこでも」という要求に対して、スマートフォンでいつでも、どこでもクルマを呼び出すことができる。「誰でも」「簡単に」という点についても、免許を持っていない人でも、運転に自信のない高齢者でも、あるいは身体に障がいがあって運転が困難な人でも利用することができる。「多くの選択肢の中から」という要求に対しては、２人で移動するときには小型の車両を、６〜７人で移動したいときには大型の車両を呼び出せばよい。それだけでなく、トヨタのe-Paletteで見たように、遠距離なら夜間に寝ながら移動できる車両を呼び出せばよいし、移動時間に仕事がしたければ、そうした設備の整った車両を利用すればいい。

「安全に」という要求に対しては、むしろ人間の運転よりも高い安全性が確保できるというエビデンスが得られなければ、そもそもこうしたサービスは実用化されないだろう。安全性は要求というよりもサービス実用化の前提と考えるべきだ。そして「より安く」という要求に対しては、クルマを所有せず、移動したぶんだけの料金を支払えばいいということになれば、多くの消費者にとってメリットが大きいだろう。

こうした無人タクシーの利用料金がいくら程度になるかを考えるうえで参考になるのは、現在のタクシー料金だ。国土交通省の「自動車運送事業経営指標」によれば、現在のタクシーはドライバーの人件費が総コストの約4分の3を占めている。逆にいえば、もしドライバーのいないタクシーが実現できればコストを4分の1に引き下げることが可能になるということだ。そうなると、年間の走行距離が短い都市部の消費者の多くは、自家用車を所有するよりも無人タクシーを利用したほうが割安ということになるだろう。

具体的には、タクシー料金は大雑把にいって1km走行当たりの料金は200円弱であり、これが4分の1になれば1km当たり50円程度になる。これに対して、個人所有のクルマの走行コストは前提条件によって大きく異なるが、例えばデンソーなどの研究(デンソーテクニカルレビュー「自動運転シェアカーに関する将来需要予測とシミュレーション分析」Vol.21、2016年)では、1km当たり64円程度と想定しており、無人タクシーのほうが単位距離当たりの走行コストは多くの場合安くなるだろう。

クルマを持つのは誰なのか

同じデンソーの研究では「自動運転シェアカーが普及した世の中においてどのように車を利用するか」について消費者にWEBでアンケート調査した結果も掲載している。この結果を見ると、55％が「自動運転車であっても自家用車と同様に自分専用車両として使いたい」と回答する一方で、「借りればいい」という回答も32％を占めた。この調査では回答者が現在クルマを所有しているかどうかが不明なため、この結果を以て自動運転車が普及すると自家用車の所有が3割減る、とは言い切れない。しかし、一定数の消費者が無人タクシーの普及によりクルマを手放す可能性はあるだろう。

完成車メーカー各社にとっては、自動運転の時代にクルマの生産台数が減るかどうかは死活問題である。この問題については、多くのコンサルティング企業が様々な試算をしている。これらの調査を見ると、クルマの生産台数に最も大きな影響を与えるのは、消費者が自動運転技術の実用化後もクルマを所有し続けるか、それとも無人タクシーのようなものの利用に切り替えるかである。例えば米ボストン・コンサルティング・グループ（BCG）は、2016年秋に発表した自動運転に関するレポートの中で、自動運転車の時代になっても個人所有が維持される場合にはクルマの保有台数はそれほど減らないが、法人所有が中心になると保有台数は5〜6割減少すると試算している。自動運転の時代になっても個人所有が維持されるかどうかは、車両の販売台数維持、車両の付加価値維持の両面から重要な問題といえる。

こうした差が生じる理由は個人所有と法人所有で年間の走行距離がまったく違うからだ。自家用車の場合の年間の走行距離は平均で1万km程度だが、これがタクシーだと個人タクシーの場合で年間5万km程度、法人タクシーの場合には10万km程度走行すると言われている。自家用車の5〜10倍に当たる距離だ。計算のうえでは、自家用車の走行距離がすべて法人タクシー並みになれば、クルマの数は10分の1で済むことになる。

したがって、クルマの数が増えるか減るかを考える一つのファクターは、無人タクシーを運用する企業がクルマを所有するかしないかだろう。これまでウーバーをはじめとするライドシェアリング企業は、クルマを配車するサービスプラットフォームだけを提供し、車両は個人が所有するものを利用していた。こういうビジネスモデルなら、自らはアセット(資産)を所有することなく、設備投資を抑えた効率的な経営が可能になる。これは、ライドシェアリングだけでなく、例えば民泊予約サイトの「Airbnb」でも同じだ。

莫大な設備投資が必要な製造業に比べて、アセットライトな経営が可能なことは、経営の効率性という面で、ＩＴ企業の強みの一つとみなされてきた。このモデルがそのまま自動運転時代にも展開されれば、個人所有の自動運転車が、無人タクシーサービスにも転用されるというビジネスモデルが考えられる。

例えば個人で所有するクルマでも、週末にしか使わない場合には、ライドシェアリングに貸し出してもいい時間帯をクルマに登録しておく。すると、持ち主がクルマを使わない時間帯にはクルマが車庫から自ら出ていって、他の利用者を乗せて収入を稼ぎ、持ち主が利用する時間帯には自動的にクルマが車庫に戻るというものだ。もしこのビジネスモデルが普及すれば、例えばリタイアしたビジネスマンが退職金で自動運転車を10台購入し、これを無人タクシー運営企業に貸し出して収入を稼ぐという新しいビジネスも誕生するだろう。ちょうど、退職後にアパートを購入して年金の足しにするのと同じ構図だ。実際、米テスラなどは将来、こういうビジネスモデルを導入することを想定しているようだ。

ＩＴ企業のポリシーが変わる？

ただし「ＩＴ企業＝持たざる経営」という図式は今後変わるかもしれない。その常識を壊しつつある代表的な企業がアマゾンだ。同社が書籍のインターネット販売に参入した当時は「在庫を持たない効率経営が可能」なことがインターネット販売における最大のメリットとされていた。アマゾンはそうした常識に逆行する巨大な倉庫を建設したことから、証券アナリストなどから酷評された。ところが、その巨大な倉庫を活用した効率的な物流網が「即日配送」を売り物とする「アマゾンプライム」のようなサービスを可能にしており、他社が追随できない強みとなっている。

また、アマゾンは消費者からの注文をさばく情報システムインフラを活用して、「AWS（Amazon Web Services）」という巨大な「貸サーバ」事業に乗り出し、ここでも他社の追随を許さない圧倒的なコスト競争力で、業界を席巻しつつある。さらに最近話題になったのは、ホールフーズ・マーケットのような実店舗事業の買収に乗り出したことだ。同社の総資産に占める有形固定資産は、10年前には数％程度に過ぎなかったのが、２０１７年の第２四半期には、実に40％近くに達している。２０１７年の同社の年間設備投資は約２兆円と、トヨタ自動車の設備投資が年間1・2兆円であるのに比べても1・7倍近い。

同社の現在の投資の中心は、物流・配送関連だが、今後、自前の配送サービスも拡張するとみられており、これが一定の規模に達すると、同社自身がその配送インフラを活用して他社の配送業務まで引き受け始めると予想するのは自然な流れだろう。ネットサービスの最大手である同社が、配送インフラでも大手企業になる可能性は大いにある。そして同社は自動運転関連の特許を取得しており、自社開発であれ、他社技術の買収であれ、配送サービスに自動運転技術を取り込むことを想定していることはほぼ確実だろう。

これまで「持たざる経営」を採ってきた米ウーバーにも変化の兆しが見える。同社は２０１７年11月、スウェーデン・ボルボから約2万４０００台の自動運転車両を２０１９年から２０２１年にかけて購入すると発表したからだ。自家用車としての自動運転車の普及にはまだ時間がかかり、また当初の自動運転車（レベル4）は、第3章で見たように走行エリアが限定されると考えられることから、自家用車を活用しての自動運転ライドシェアリングが当面難しいという判断だろう。

一方で、トヨタのe-Paletteを見れば分かるように、サービス用の車両は現在の自家用車とは外観・機能が大きく異なり、実用性が最優先の設計になっており、個人の所有欲を刺激するような商品にはなっていない。完成車メーカー各社としては、生産台数を減らさないためにも、個人向けの車両では所有したくなるような魅力の追求が依然として大きな課題といえる。

無人タクシーの料金は無料になる？

一方、日産のEasy Rideが示唆するのは、自動運転車を活用した移動サービスが、移動を超える様々なサービスを提供してくれるということだろう。日産のサービスでは、近隣のレストランなどと提携し、それらの店に行く場合にクーポンを発行してくれるといったサービスが提供されているが、将来の自動運転車を活用した移動サービスでは、移動にかかる料金が無料になるケースも出てくるだろう。移動料金を広告でまかなうようなビジネスモデルが登場すると考えられるからだ。

現在でも、パソコンやスマートフォンの利用者は、電子メールやSNS（ソーシャル・ネットワーキング・サービス）、動画投稿サイト、ニュースサイト、ゲームなど、多様なネット上のサービスの多くを無料で利用することができる。これは、こうしたサービスが広告モデルで運営されているからだ。テレビの民間放送が無料で視聴できるのと同じ仕組みである。

現在のインターネット広告は、単純にいえば、ユーザーを広告主のサイトに誘導するというものだ。しかし、無人タクシーは、より強力な広告手段を提供する。例えばレストランなら、来店客に対して「4人以上が3000円以上のコースを注文すればタクシー代無料」といったサービスを提供することができる。

従来のネット広告は、ユーザーをサイトに誘導するだけだが、無人タクシーは、「利用者を実際に連れてくる」という点で、これまでのインターネット広告よりはるかに強力な広告手段を提供することになる。これは決して絵空事ではない。

例えばグーグルは、オンライン広告を見て実店舗へ向かう顧客に対して、無料もしくはディスカウント料金の無人タクシーの送迎サービスを提供するという事業で、２０１４年１月に米国の特許庁からビジネスモデル特許を既に取得しており、自動運転車プロジェクトメンバーがその申請者であったとされている。

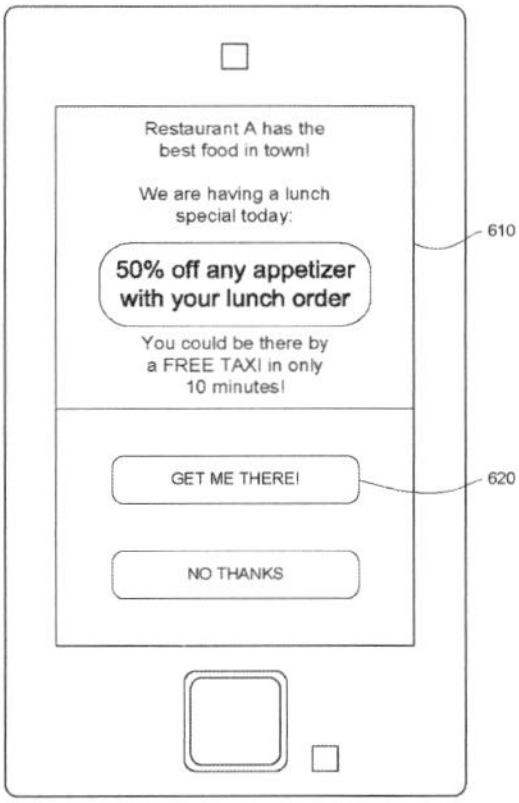

グーグルの特許申請書に記載された無人タクシー送迎サービスを対象とするｅクーポンのイメージ（US8630897 B1,「Transportation-aware physical advertising conversions」より．出願日は2011年1月11日）

特許資料にはｅクーポンの画像イメージが掲載されており、スマートフォンに表示された「ランチを注文したお客様は前菜50％引き」というｅクーポンの下に、「無料送迎タクシーサービスあり」と書かれている。ユーザーがその下にある「GET

ME THERE!」と書いてあるボタンをクリックすると、グーグルのタクシーがユーザーのところまで出向いてユーザーをレストランまで送り届けるという仕組みだ。
広告ビジネスはクルマに乗っている人向けだけではない。先に紹介したソニーの車両では、イメージセンサーで得られた周囲の映像をＡＩで解析することで、車両の周囲にいる人の性別・年齢などの属性を判断し、最適な広告や情報を表示することを想定しているが、このように車両の周囲に向けた移動広告などのビジネスも考えられるだろう。

車内がエンタテインメント空間に

ソニーのSC-1がフロントウインドーの代わりに大型の液晶ディスプレイを備えていることが示唆するのは、クルマの室内が新しいエンタテインメント空間に変貌する可能性だ。クルマを運転する必要がなくなれば、移動中の時間を自由に使うことが可能になり、自動運転車向けのゲームアプリや、新しいタイプのエンタテインメントも生まれるだろう。ソニーの車両のように、フロントウインドー全面を大型ディスプレイにして、映画などの動画コンテンツを楽しむことが可能になるのはもちろんのこと、サイドウインドーやリアウインドーの部分もディスプレイにして、周囲３６０度の映像が楽しめる映像ソフトも登場するかもしれない。全方位のディスプレイをゲームに使えば高い没入感を楽しめるだろう。

娯楽用の映像だけでなく、語学や資格などの学習コンテンツを利用する人もいるだろう。また車内は、専用に設計した高音質のオーディオを備えることができるので、自宅では実現できないような音響効果の高い音楽ソフトを楽しむこともできるようになるだろう。一方でこうした自動運転車の車内エンタテインメントは、ディスプレイや音響機器メーカーだけでなくコンテンツサプライヤーにも新たなビジネスチャンスを提供するはずだ。

クルマが多様化する

このように無人タクシーサービスは、自家用車よりも便利で低コストの移動サービスを提供することを可能にするが、それだけなら現在のクルマの延長線上にあるものに過ぎない。自動運転技術による無人タクシーは、もっと本質的に、クルマの楽しみ方を変えていく可能性がある。それは、クルマを利用する自由度を大幅に高めるということだ。

現在、日本の自動車市場では、軽自動車やコンパクト車、ＨＥＶ、それに7〜8人乗車が可能なミニバンが主流を占めており、人気があったセダンやスポーツカー、2ドアクーペといった車種は軒並み需要を減らしている。かつては趣味的な要素の強い商品だったクルマが、燃費の良さや取り回し、室内空間の広さなどの実用的な価値を重視して選ばれるようになったためである。

しかし、家族のためにミニバンを選んだ人も、ときにはスポーツカーに乗って運転を楽しみたいと思うことがあるだろう。ふだんはコンパクト車に乗っている人も、キャンプやレジャーを楽しむために、もっと荷物を載せられるミニバンやワゴン車に乗りたいと思う場合もあるかもしれない。しかし通常は、経済的な理由や駐車スペースの制約から、特に大都市圏では、一つの世帯で様々な種類のクルマを複数台所有することは難しいのが現実である。

これに対して、クルマを所有せず、必要なときだけ使うという利用形態なら、利用者は、用途に応じた最も適切な車種を呼び出せばいい。高級なレストランに出かけるときにはフォーマルなセダンを、夫婦やカップルが2人でドライブに出かけるときには優雅な2ドアのクーペを、単に郊外のショッピングモールに出かけるときには気取らずに軽乗用車を、キャンプに出かけるときには荷物をたくさん積み込めるミニバンを、スキーに行く時には4輪駆動のSUV（多目的スポーツ車）を使う、というような使い分けができるようになるわけだ。1台しかクルマを所有できない場合に比べ、クルマ利用の自由度は大きく広がる。

現在は普及していない形態のクルマも増えるだろう。その可能性の一つが、「超小型EV」

と呼ばれるジャンルのクルマだ。現在の軽自動車よりもさらに小さい車体に1〜2人用の座席を備えた車両で、少人数が移動する場合にはエネルギー消費が少なく、車両の専有スペースも小さくて済むのが特徴だ。

より少量生産の車両も登場するだろう。こうした自動運転車両は、過疎化が進む地方での交通手段としても期待されるが、利用者が高齢者なのか、あるいは学生が多いのか、通常の乗車人数はどの程度なのか、走る場所も国道が多いのか、狭い路地裏まで回らなければならないのかといった利用地域によって様々なニーズがあるはずだ。こうした地域ごとのニーズを満たすために、様々な形態の車両が必要になるはずだ。

特定用途向けの車両も増加するはずだ。例えば筆者は以前、築地市場でマグロの卸売業者をしているという方が自動運転に興味を持っていて驚いたことがあるのだが、その方によると、豊洲に卸売市場が移転しても観光地としての築地の魅力を保つために、築地と豊洲の間を自動運転シャトルバスのようなもので結べないかと考えているのだそうだ。また、豊洲市場は築地に比べて広いので、市場を見学するうえでも自動運転車が有効だと考えているという。

クルマの多くが自動運転EVになれば、「クルマ」の概念を超えるような車両も登場してくるだろう。これまでの車両は基本的に人間が運転することを前提にしていたので、どうしても

人だけでなくものを運ぶことを意図したロボット「3E-C18」．上部のアタッチメントを交換すると移動店舗や宅配用車両など様々な用途に使える(出典：ホンダ)

車両の小型化やレイアウトの自由度に限界があった。しかし、人間の運転を必要とせず、自律的に走行できるのであれば、運ぶものの大きさや性質に応じて、車両の大きさは自由に変えられる。人間の運転席を設けなくていいのだから、レイアウトも自由だ。

例えばホンダは、２０１８年１月、ＣＥＳ２０１８に「３Ｅ－Ｃ18」と呼ぶ小型車両を出展した。３Ｅ－Ｃ18は、人だけでなくものも運ぶことを意図したロボットで、上部のアタッチメントを交換することで移動店舗にしたり、移動広告として使ったりすることも可能だ。ホンダでは使用例として出していないが、無人宅配などに使うことも可能だろう。

こうしたものを運ぶことを想定した無人の小型車両では、例えば米ドミノ・ピザがオーストラリアでピザの宅配の実験をしていたり、日本の自動運転開発ベンチャーのＺＭＰが小型宅配ロボット「キャリロデリバリー」を使った宅配寿司や郵便物の配達の実験を実施したりしている。

空港のような広い空間も自動運転車両の有力な応用分野だ。すでに中国では、キャリーカートに取り付けられた液晶パネルに航空チケットをかざすとゲートまでの道筋を案内してくれるような「インテリジェントカート」が実用化されている。これに自動運転技術を組み合わせれば、人間が押さなくても自動走行するカートが実現できるだろう。大きな病院などでは、診察券をかざすと、自動的に診察室へ連れて行ってくれるような自動運転椅子が登場することも考えられる。

ZMPが開発した小型宅配ロボット「キャリロデリバリー」(出典：ZMP)

高齢化社会を迎え、歩行が困難な高齢者も今後増加することが見込まれるが、自宅内で座っている椅子が自走してそのまま車両に乗り込み、ケア施設でも自動走行するなど、室内と室外をシームレスにつなぐような車両のニーズもありそうだ。さらには、持ち主の後を追いかけて走行するスーツケースやショッピングカートといった、ふだんの生活の利便性を高めるような製品も登場するかもしれない。

このように、自動運転とEV、そしてコネクテッド技術が結びついた未来のモビリティは、現在の「クルマ」という概念をはるかに拡張したものになる。極端にいえば、身の回りの移動を必要とするあらゆるものがロボットになり、かしこくなり、自ら移動するようになる社会である。こうしたモビリティが普及すれば、我々の移動はもっと手軽で、自由なものになるだろう。

都市の設計も変わる可能性がある。例えば現在、地方ではバスや鉄道といった公共交通機関が貧弱になり、この結果として駅前の商店街のにぎわいがどんどん失われている。一方で移動の中心がクルマになり、大型の駐車場を備えたショッピングモールが駅から離れた場所に建設されている。交通の変化が街づくりを大きく変えた例だ。

〝無人タクシー〟が普及すると、駐車場のニーズが減り、都市では土地が有効利用できるようになるだろう。また、駅から離れている場所でも立地のハンディキャップが少なくなり、多少駅から離れていても景色のいい場所のほうが、レストランや店舗にとって、土地の価値が高くなるかもしれない。

「自動運転」、「EV」、「コネクテッド」の三つのトレンドが可能にするクルマのサービス化は、我々の移動を変えるだけでなく、街づくりを変え、生活様式を変え、そして価値観を大きく変えていくだろう。

エピローグ――サービス化はもう始まっている

クルマはこれからどのようなスピードでＥＶ（電気自動車）になり、自動運転車になるのか。筆者がよく聞かれる問いである。クルマがＥＶに変わればエンジンはいらなくなり、エンジンに使われている膨大な数の部品も不要になる。そうすれば、そうした部品をつくっている部品メーカーは窮地に追いやられる。１台のクルマに使われる部品の数は２～３万点と言われるが、その大部分を占めるのが、多くの部品から構成されるエンジンだ。エンジン部品をつくっている部品メーカーは多く、その部品を構成する部品をつくる二次部品メーカー、三次部品メーカーまで含めると、非常にたくさんのメーカーが関わっていることになり、その影響は計り知れない。

ただ、クルマからエンジンがすぐになくなることは考えにくい。ＥＶの生産台数について様々な予測が発表されているが、概ね２０２５年に世界の自動車販売の10～15％程度、２０３０年で15～20％というところだ。あと10年以上たっても、世界で販売されるクルマの8

割以上はエンジン車、あるいはエンジンとモーターを組み合わせたＨＥＶ（ハイブリッド車）やＰＨＥＶ（プラグインハイブリッド車）ということになる。

ただ、その先の２０４０年となると、状況はだいぶ変わってくる可能性がある。最も強気の予測ではＥＶの比率が２０４０年には半分以上になるとしているからだ。実際、フランス・ルノーやスウェーデン・ボルボといった企業は、環境対策が難しくなっていることから新規のディーゼルエンジンの開発をしない方針を発表している。エンジン部品を生産している企業は、これからの猶予期間を有効に活用し、どのように企業の方向を転換するかを検討する必要がある。

自動運転についても同様である。第３章でも紹介しているように、２０２０年前後から限られた地域での無人車両による移動サービスの提供が始まり、これが徐々に地域を広げていくことになるが、そうしたサービスに使われる車両の台数の割合は、２０３０年まで見通しても、世界の自動車販売台数の５％程度にとどまりそうだ。ただし、本文でも触れたように、そうしたサービス向けの車両の走行距離は自家用車よりも長い。米国のコンサルティング会社であるボストン・コンサルティング・グループ（ＢＣＧ）は、こうしたサービス車両の輸送距離が、乗用車の輸送距離全体の９％に達すると予測している。２０３０年に販売台数に占める割合が

5%程度ということは、2030年の時点で自動車の保有台数全体に占める自動運転サービス用の車両の比率は1%程度と推定されるので、輸送距離9%というのは比率としてはかなり大きいといえる。

ただしこの場合でも、2030年に販売されるクルマの95%程度は自家用車として販売されると考えられる。BCGは、サービス用車両の普及によって自家用車の販売は2030年以降、次第に減少していくと予測しているが、そのぶんをサービス用車両の拡大が補うため、年間の世界自動車販売台数は2030年以降、1億台程度で安定するとみている。

販売台数は減らないとしても、自動車産業は「儲け」の仕組みを抜本から再構築する必要に迫られるだろう。台数での成長が見込めなくなる中で企業が成長し続けようとすれば、サービス用車両でいかに売上を伸ばしていくかを考えなければならないからだ。サービス用車両の利用を拡大して売上を伸ばす、サービス用車両の中で提供する映像や音楽、情報、広告などで売上を伸ばすなど、これまでの「クルマを造って、売る」というビジネスとは根本的に異なる事業が収益の柱になっていくだろう。

第2章で紹介したファブレス液晶テレビメーカーの米VIZIOのように、製造設備をまったくもたない自動車メーカーも出てくるだろう。逆に、サービス提供会社向けに車両製造を請け負う企業も出てきそうだ。現在の完成車メーカーを頂点とするピラミッド構造は崩れ、製造、サービス、エネルギー供給インフラ、ブロックチェーンを活用した決済など様々な強みを持った企業が多様な移動サービスを提供するようになるだろう。車両も多様化し、地域ごと、目的ごとに様々な形態の車両が登場するはずだ。あたかも、生物の進化におけるカンブリア爆発のように、今後10〜20年で「移動」の概念は根底から変わっていくことになる。

すでにその萌芽は現れている。例えば日本でカーシェアリングを利用する人の数は２００７年から２０１７年の10年で４００倍以上の１０８万人に達した。月々一定の料金を払ってクルマを利用し、希望すれば毎月異なるクルマに乗り換えることも可能な「サブスクリプション」という形態の新しいリース契約も出てきている。クルマを購入することにこだわらず、目的に応じて多様なカーライフを自由に楽しみたいというユーザーは確実に増えている。

もちろん、クルマの「サービス化」という大変化への道筋は平坦ではないだろう。本書の校正作業中だった２０１８年3月に、米ウーバーの自動運転実験車両が、世界で初めての死亡事故を起こし、世界で大きな議論を巻き起こした。この事件は現在も調査が続いており、原因の詳細は不明だ。すでにウーバーの技術の未熟さや、ドライバーの教育体制などの問題が指摘されている。しかし、問題はそれだけではない。実験を許可するための行政のチェック体制の甘さ、さらには自動運転車両が事故を起こした場合の責任の所在を定めた法規制の整備が遅れていることなど、完全自動運転が実用化するための課題が、技術以外にも多く残っていることをこの事件ははっきりと示した。

それでも、クルマのサービス化に向けた歩みが止まることはないだろう。それは本文でも書いたように、クルマの自動化や電動化が安全性能や環境性能の向上につながるだけでなく、ハードとしてのクルマよりも、サービスとしてのクルマのほうがはるかに実用的価値を高めることが可能になるからだ。もちろんハードウエアとしてのクルマの価値がなくなるわけではない。しかしその価値は実用的価値よりも、情緒的な価値に重きを置いたものに変貌していくだろう。それは実用品から趣味的な商品への色彩を強めることで生き残ってきた機械式腕時計の姿に重なる。20年後には「クルマ」という言葉の持つ意味が大きく変わっていくのではないか、そんな気がしている。

鶴原吉郎

2018年　陽春のころ

鶴原吉郎

技術ジャーナリスト．1985年慶應義塾大学理工学部卒業，同年日経マグロウヒル社(現日経BP社)入社，新素材技術の専門情報誌，機械技術の専門情報誌の編集に携わったのち，2004年「日経Automotive Technology」の創刊を担当，同誌編集長．2014年4月に独立，クルマの技術・産業に関するコンテンツ編集・制作を専門とするオートインサイト株式会社を設立，代表に就任．著書に，『自動運転――ライフスタイルから電気自動車まで，すべてを変える破壊的イノベーション』(共著，日経BP社)，『自動運転で伸びる業界 消える業界』(マイナビ出版)など．

EVと自動運転 クルマをどう変えるか

岩波新書(新赤版)1717

2018年5月22日 第1刷発行

著 者 鶴原吉郎《つるはらよしろう》

発行者 岡本 厚

発行所 株式会社 岩波書店
〒101-8002 東京都千代田区一ツ橋2-5-5
案内 03-5210-4000 営業部 03-5210-4111
http://www.iwanami.co.jp/

新書編集部 03-5210-4054
http://www.iwanamishinsho.com/

印刷・理想社 カバー・半七印刷 製本・中永製本

ISBN 978-4-00-431717-3 Printed in Japan

岩波新書新赤版一〇〇〇点に際して

ひとつの時代が終わったと言われて久しい。だが、その先にいかなる時代を展望するのか、私たちはその輪郭すら描きえていない。二〇世紀から持ち越した課題の多くは、未だ解決の緒を見つけることのできないままであり、二一世紀が新たに招きよせた問題も少なくない。グローバル資本主義の浸透、憎悪の連鎖、暴力の応酬――世界は混沌として深い不安の只中にある。

現代社会においては変化が常態となり、速さと新しさに絶対的な価値が与えられた。消費社会の深化と情報技術の革命は、種々の境界を無くし、人々の生活やコミュニケーションの様式を根底から変容させてきた。ライフスタイルは多様化し、一面では個人の生き方をそれぞれが選びとる時代が始まっている。同時に、新たな格差が生まれ、様々な次元での亀裂や分断が深まっている。社会や歴史に対する意識が揺らぎ、普遍的な理念に対する根本的な懐疑や、現実を変えることへの無力感がひそかに根を張りつつある。そして生きることに誰もが困難を覚える時代が到来している。

しかし、日常生活のそれぞれの場で、自由と民主主義を獲得し実践することを通じて、私たち自身がそうした閉塞を乗り超え、希望の時代の幕開けを告げてゆくことは不可能ではあるまい。そのために、いま求められていること――それは、個と個の間で開かれた対話を積み重ねながら、人間らしく生きることの条件について一人ひとりが粘り強く思考することではないか。その営みの糧となるものが、教養に外ならないと私たちは考える。歴史とは何か、よく生きるとはいかなることか、世界そして人間はどこへ向かうべきなのか――こうした根源的な問いとの格闘が、文化と知の厚みを作り出し、個人と社会を支える基盤としての教養となった。まさにそのような教養への道案内こそ、岩波新書が創刊以来、追求してきたことである。

岩波新書は、日中戦争下の一九三八年一一月に赤版として創刊された。創刊の辞は、道義の精神に則らない日本の行動を憂慮し、批判的精神と良心的行動の欠如を戒めつつ、現代人の現代的教養を刊行の目的とする、と謳っている。以後、青版、黄版、新赤版と装いを改めながら、合計二五〇〇点余りを世に問うてきた。そして、いままた新赤版が一〇〇〇点を迎えたのを機に、人間の理性と良心への信頼を再確認し、それに裏打ちされた文化を培っていく決意を込めて、新しい装丁のもとに再出発したいと思う。一冊一冊から吹き出す新風が一人でも多くの読者の許に届くこと、そして希望ある時代への想像力を豊かにかき立てることを切に願う。

（二〇〇六年四月）

社会

歩く、見る、聞く 人びとの自然再生　宮内泰介
対話する社会へ　暉峻淑子
悩みいろいろ　金子勝
魚と日本人 食と職の経済学　濱田武士
ルポ 貧困女子　飯島裕子
鳥獣害 動物たちと、どう向きあうか　祖田修
科学者と戦争　池内了
新しい幸福論　橘木俊詔
ブラックバイト 学生が危ない　今野晴貴
原発プロパガンダ　本間龍
ルポ 母子避難　吉田千亜
日本にとって沖縄とは何か　新崎盛暉
日本病 長期衰退のダイナミクス　金子勝　児玉龍彦
雇用身分社会　森岡孝二
生命保険とのつき合い方　出口治明

ルポ にっぽんのごみ　杉本裕明
鈴木さんにも分かるネットの未来　川上量生
地域に希望あり　大江正章
世論調査とは何だろうか　岩本裕
フォト・ストーリー 沖縄の70年　石川文洋
ルポ 保育崩壊　小林美希
多数決を疑う 社会的選択理論とは何か　坂井豊貴
アホウドリを追った日本人　平岡昭利
朝鮮と日本に生きる　金時鐘
被災弱者　岡田広行
農山村は消滅しない　小田切徳美
復興〈災害〉　塩崎賢明
「働くこと」を問い直す　山崎憲
原発と大津波 警告を葬った人々　添田孝史
縮小都市の挑戦　矢作弘
福島原発事故 被災者支援政策の欺瞞　日野行介
日本の年金　駒村康平

食と農でつなぐ 福島から　塩谷弘康　岩崎由美子
過労自殺〔第二版〕　川人博
金沢を歩く　山出保
ドキュメント 豪雨災害　稲泉連
ひとり親家庭　赤石千衣子
女のからだ フェミニズム以後　荻野美穂
〈老いがい〉の時代　天野正子
子どもの貧困Ⅱ　阿部彩
性と法律　角田由紀子
ヘイト・スピーチとは何か　師岡康子
生活保護から考える　稲葉剛
かつお節と日本人　宮内泰介　藤林泰
家事労働ハラスメント　竹信三恵子
福島原発事故 県民健康管理調査の闇　日野行介
電気料金はなぜ上がるのか　朝日新聞経済部
おとなが育つ条件　柏木惠子
在日外国人〔第三版〕　田中宏
まち再生の術語集　延藤安弘

岩波新書より

震災日録 記憶を記録する	森まゆみ
原発をつくらせない人びと	山秋真
社会人の生き方	暉峻淑子
構造災 科学技術社会に潜む危機	松本三和夫
家族という意志	芹沢俊介
ルポ 良心と義務	田中伸尚
飯舘村は負けない	千葉悦子・松野光伸
夢よりも深い覚醒へ	大澤真幸
子どもの声を社会へ	桜井智恵子
就職とは何か	森岡孝二
日本のデザイン	原研哉
ポジティヴ・アクション	辻村みよ子
脱原子力社会へ	長谷川公一
希望は絶望のど真ん中に	むのたけじ
福島 原発と人びと	広河隆一
アスベスト 広がる被害	大島秀利
原発を終わらせる	石橋克彦編
日本の食糧が危ない	中村靖彦
勲章 知られざる素顔	栗原俊雄
希望のつくり方	玄田有史
生き方の不平等	白波瀬佐和子
同性愛と異性愛	風間孝・河口和也
居住の貧困	本間義人
贅沢の条件	山田登世子
新しい労働社会	濱口桂一郎
世代間連帯	上野千鶴子・辻元清美
道路をどうするか	五十嵐敬喜・小川明雄
子どもの貧困	阿部彩
子どもへの性的虐待	森田ゆり
戦争絶滅へ、人間復活へ	むのたけじ・黒岩比佐子聞き手
テレワーク 「未来型労働」の現実	佐藤彰男
反貧困	湯浅誠
不可能性の時代	大澤真幸
地域の力	大江正章
ベースボールの夢	内田隆三
グアムと日本人 戦争を埋立てた楽園	山口誠
少子社会日本	山田昌弘
親米と反米	吉見俊哉
「悩み」の正体	香山リカ
変えてゆく勇気	上川あや
建築紛争	五十嵐敬喜・小川明雄
戦争で死ぬ、ということ	島本慈子
社会学入門	見田宗介
冠婚葬祭のひみつ	斎藤美奈子
少年事件に取り組む	藤原正範
いまどきの「常識」	香山リカ
働きすぎの時代	森岡孝二
桜が創った「日本」	佐藤俊樹
生きる意味	上田紀行
ルポ 戦争協力拒否	吉田敏浩
ウォーター・ビジネス	中村靖彦
男女共同参画の時代	鹿嶋敬
当事者主権	中西正司・上野千鶴子
ルポ 解雇	島本慈子
豊かさの条件	暉峻淑子
人生案内	落合恵子

現代世界

岩波新書より

ヨーロッパとイスラーム	内藤正典
現代の戦争被害	小池政行
帝国を壊すために	アルンダティ・ロイ 本橋哲也訳
多文化世界	青木保
デモクラシーの帝国	藤原帰一
パレスチナ〔新版〕	広河隆一
人道的介入	最上敏樹
異文化理解	青木保
ロシア市民	中村逸郎
ロシア経済事情	小川和男
ユーゴスラヴィア現代史	柴宜弘
ビルマ 「発展」のなかの人びと	田辺寿夫
東南アジアを知る	鶴見良行
獄中19年	徐勝
ハワイ	山中速人
モンゴルに暮らす	一ノ瀬恵
チェルノブイリ報告	広河隆一
イスラームの日常世界	片倉もとこ
エビと日本人	村井吉敬
バナナと日本人	鶴見良行
イギリスと日本	森嶋通夫
韓国からの通信	T・K生 「世界」編集部編
非ユダヤ的ユダヤ人	I・ドイッチャー 鈴木一郎訳